Der Edisonakkumulator.

Seine technischen und wirtschaftlichen Vorteile gegenüber der Bleizelle

Von

Meno Kammerhoff

Berlin-Pankow.

Mit 94 Abbildungen und 20 Tabellen.

Berlin.

Verlag von Julius Springer.

1910.

ISBN-13:978-3-642-89926-3 e-ISBN-13:978-3-642-91783-7
DOI: 10.1007/978-3-642-91783-7

Softcover reprint of the hardcover 1st edition 1910

Druck der Spamerschen Buchdruckerei in Leipzig.

Vorwort.

Die Lösung verkehrstechnischer Fragen wird seit Jahren mit gespannter Aufmerksamkeit nicht nur von Fachleuten verfolgt. Was immer an Verbesserungen bei den modernen Verkehrsmitteln — Eisenbahn, Dampfschiff, Automobil, Motorrad, neuerdings Luftschiff — auftaucht, ist sicher, in den weitesten Kreisen Beachtung zu finden.

Kein Wunder daher, daß man sowohl diesseits wie jenseits des Atlantic interessiert aufhorchte, als zu Beginn des neuen Jahrhunderts der Telegraph die Kunde brachte, daß Edison sich die Aufgabe gestellt habe, mit Hilfe der Elektrizität, mit einem neuen Akkumulator das Problem des pferdelosen Wagens zu lösen. Wie so oft bei Erörterung technischer Angelegenheiten schoß auch in diesem Falle die Mehrzahl der Tagesblätter in ihren Berichten über das erreichbare Ziel hinaus. Auf der einen Seite der wohlbegründete Ruf des tatkräftigen Amerikaners als erfolgreicher Pionier der Elektrotechnik, auf der anderen Seite der Wunsch, aus der Misere des unzulänglichen Verkehrs mit Pferdefuhrwerk herauszukommen, ließ die Berichterstatter in begeisterten Schilderungen sich über alle Schwierigkeiten, ja über die Grenzen des technisch Erreichbaren hinwegsetzen.

Notgedrungen mußte auf die teilweise phantastischen Übertreibungen ein Rückschlag erfolgen, als die Verwirklichung der laut gewordenen Hoffnungen und Wünsche jahrein jahraus auf sich warten ließ. Hatte sich der erfahrene Techniker von vornherein gesagt, daß derartige prinzipielle Umwälzungen im Handumdrehen nicht durchgeführt werden konnten, daß bestenfalls Jahre nötig seien, um greifbare Resultate zu erzielen, so fühlte das große Publikum sich infolge Nichterfüllung seiner Erwartungen enttäuscht und war vielfach geneigt, die Möglichkeit der Lösung des Problems auf dem angegebenen Wege an und für sich zu bezweifeln.

Inzwischen war Edison, unbekümmert um das Urteil von Fachleuten und Laien, emsig und rastlos an der Arbeit. Lediglich die sich häufenden Patentanmeldungen waren Zeuge seiner ununterbrochenen Tätigkeit auf dem vielumstrittenen Gebiet.

Anfang 1905 wurde zwecks Ausübung der bis dahin erteilten und noch folgenden Schutzrechte Edisons die „Deutsche Edison-Akkumulatoren-Company G. m. b. H." ins Leben gerufen. Seit Gründung dieses Unternehmens mit dessen technischer Leitung betraut, hatte ich Gelegenheit, den wohl der Idee nach hin und wieder erörterten, in seiner Anwendung und Ausführbarkeit aber noch wenig bekannten, von Edison konstruierten alkalischen Akkumulator zu studieren, mich mit den charakteristischen Eigenschaften des neuen Sammlers vertraut zu machen.

Zweck der Veröffentlichung der bei meinen bisherigen Arbeiten gesammelten Erfahrungen ist, zur Aufklärung über Wesen und Wirkungsweise sowie über das Anwendungsgebiet des Edisonakkumulators beizutragen und Irrtümer zu berichtigen, die, wie kürzlich noch selbst in Fachblättern erschienene Abhandlungen zeigen, zu unrichtiger Beurteilung der von Edison geschaffenen Sekundärbatterie führen.

Unter tunlichem Beiseitelassen rein theoretischer Erörterungen beschränke ich mich bei meinen Beschreibungen im wesentlichen auf das, was für den in der Praxis stehenden Techniker in Betracht kommt, zum großen Teil auch dem technisch gebildeten Nichtfachmann verständlich und von Interesse ist.

Berlin-Pankow, Herbst 1910.

Inhaltsverzeichnis.

Die Verwendung des galvanischen Elementes seit seiner Entdeckung.

Ein Säkulum ist verflossen seit den ersten schüchternen Versuchen, das heute zu so hoher Bedeutung gelangte galvanische Element nutzbringend zu verwerten. Wie die geschichtlichen Überlieferungen uns lehren, waren die Physiker am Anfang des neunzehnten Jahrhunderts eifrig bestrebt, mehr Licht in das damals noch nahezu gänzlich unerforschte Gebiet der Elektrizität zu bringen. Bereits im Jahre 1789 entdeckte der italienische Mediziner Galvani, daß zwei aus verschiedenen Metallen hergestellte Stäbe, in diesem Falle Eisen und Kupfer, eine zusammenziehende Wirkung auf feuchte Froschschenkel ausüben, wenn letztere die freien Enden der miteinander in Berührung gebrachten Stäbe verbinden. 12 Jahre später baute Volta, ebenfalls ein Italiener, die Entdeckung Galvanis aus und schuf die nach ihm benannte „Voltasche Säule", zeigte, daß man die zwischen zwei verschiedenen Metallen — den sogenannten Leitern erster Ordnung — bei Zwischenschalten einer Flüssigkeit — dem Leiter zweiter Ordnung — entstehende Spannungsdifferenz vervielfachen kann, wenn man die Endpole der Elemente in bestimmter Weise aneinanderreiht, das Kupfer des ersten Elements mit dem Zink des zweiten, das Kupfer des zweiten mit dem Zink des dritten in Berührung bringt und so fort. In demselben Jahre noch — 1800 — stellten Carlisle und Nickolson fest, daß Wasserstoff und Sauerstoff frei werden, wenn der Strom einer Voltaschen Säule eine wässerige Lösung passiert. Diese chemische Wirkung der Voltaschen Batterie schlug im Jahre 1808 Sömmering, München, vor, zu Telegraphenzwecken auszunutzen. Er wollte die beiden miteinander in Verkehr zu bringenden Stationen durch 24 Paare isolierter Drähte, entsprechend den 24 Buchstaben des Alphabets, verbinden. Die bei Stromdurchgang im leitend gemachten Wasser aufsteigenden Gasblasen sollten zur Zeichengebung dienen. Eine gegenüber der im Gebrauch mit viel Umständen verknüpften Voltaschen Säule weit zuverlässigere Stromquelle konstruierte Wollastone im Jahre 1815, indem er Zink und Kupfer in verdünnte Schwefelsäure tauchte.

Die Verwendung der bis dahin bekannten, wie auch einer Reihe folgender galvanischer Elemente blieb längere Zeit auf das Laboratorium beschränkt, da praktische Nutzanwendung so gut wie ganz fehlte. Die Konstruktion der ersten magnetelektrischen Maschinen aber regte die Physiker sehr bald an, die galvanische Batterie zu Traktionszwecken zu benutzen. Neben einer Reihe anderer Gelehrten beschäftigte sich Jacobi seit etwa 1834 damit, die von stromumflossenen Eisenstäben ausgeübte magnetische Wirkung zu verwerten. Vor diesem Zeitpunkt beobachteten schon im Jahre 1821 Faraday und Ampère die Drehung eines Stromleiters um einen Magneten, erfolgte 1823 die Herstellung des Barlowschen Rades, baute auch Jedlička im Jahre 1829 seinen tatsächlich kraftabgebenden Elektromotor. Doch handelte es sich, insbesondere bei Faraday, Ampère und Barlow, mehr um mit Hilfe von galvanischen Elementen unternommene physikalische Experimente als um in der Praxis verwendbare Maschinen. Nach den von Jacobi vorliegenden Berichten[1]) baute er 1838 seine magnetelektrische Maschine in ein Boot ein und benutzte zum Antrieb der ersteren eine galvanische Batterie von 320 Plattenpaaren. Im folgenden Jahre wurden die auf der Newa stattfindenden Bootsfahrten fortgesetzt mit einer leichteren Batterie von 64 Plattenpaaren, bestehend aus Zink und Platin. Jacobi schätzte die abgegebene Kraft auf $^3/_4$ bis 1 Pferdekraft und schreibt, daß das Boot mit 12—14 Personen besetzt war. Etwas früher wie Jacobi versuchten Stratingh und Becker in Groningen und Botto in Turin (1836) die ersten elektrisch betriebenen Wagen zu bauen, kamen allerdings über die Anfertigung von Modellen nicht hinaus. Mit der Konstruktion von elektrischen Lokomotiven folgte 1842 Davidson, der seine Maschine eine Zeitlang auf der Edinburgh-Glasgower Bahn Dienst tun ließ, 1844 Little. Für die Bahn Bladenburg-Washington lieferte Page 1851 eine Lokomotive, nachdem er ein Jahr vorher in Philadelphia ein Boot in Betrieb gesetzt hatte.

Die mit den hier als Beispiel genannten und zahlreichen anderen elektrischen Betrieben erzielten Resultate befriedigten

[1]) Poggendorffs Annalen 1840 Band 51.

nicht, konnten auch zu dem ersehnten Ziele, ein brauchbares Traktionsmittel zu finden, nicht führen, weil weder die als Elektromotor dienende magnetelektrische Maschine den Ansprüchen genügte, noch auch die galvanische Batterie die bescheidensten Wünsche nach Sicherheit und Zuverlässigkeit erfüllte. Waren schon die mit Aufstellen, Füllen und Bedienen der Elemente verbundenen Mühen und Arbeiten erheblich, so erreichten die Kosten für die sich schnell abnutzenden Elektroden eine erschreckende Höhe. Wie groß die Schwierigkeiten waren, mit denen man zu kämpfen hatte, wie ernsthaft aber auch gleichzeitig mit der Möglichkeit gerechnet wurde, Elektromotor und galvanische Batterie sich zu Traktionszwecken dienstbar zu machen, geht aus Äußerungen von Jacobi hervor, die er verlauten ließ in einem in Glasgow in der Versammlung britischer Naturforscher gehaltenen Vortrag[1]):

> „Bei dieser Gelegenheit muß ich frei und ohne Rücksicht bekennen, daß bisher die Konstruktion elektromagnetischer Maschinen größtenteils nach bloßem Herumtappen geschah . . .“
>
> „Der Zinkverbrauch, welcher stattfindet, wenn die Maschine in Ruhe ist und gar nicht arbeitet, ist das Doppelte von dem, welcher stattfindet, wenn sie das Maximum ihrer Arbeit hervorbringt . . .“
>
> „Ich halte es nicht für sehr schwierig, die Leistung eines Pfundes Zink bei seiner Umwandlung in Sulfat mit Genauigkeit zu bestimmen in derselben Weise, wie bei der Dampfmaschine die Leistung eines Bushels Steinkohlen als Maß zur Schätzung des Effektes verschiedener Kombinationen dient. Der fernere Nutzen und Gebrauch der elektromagnetischen Maschine scheint mir ganz sicher zu sein . . .“

Nach den vielen Mißerfolgen mußte sich schließlich die Überzeugung Bahn brechen, daß auf dem bisher eingeschlagenen Wege es nicht möglich sein werde, den elektrischen Antrieb durchzuführen. Ebensowenig wie für motorische Zwecke zeigte das galvanische Element in derzeitiger Gestalt sich geeignet, die Beleuchtungstechnik ausreichend zu fördern. Seit 1842 etwa kannte man in der Bogenlampe eine praktisch verwendbare Ausnutzung des Davyschen Lichtbogens zur Lichterzeugung. Die zur Strom-

[1]) Poggendorffs Annalen 1840 Band 51.

lieferung konstruierten magnetelektrischen Maschinen zeigten manche Mängel. Es lag daher nahe, zum Speisen der neuen Lichtquelle wiederum das galvanische Element heranzuziehen, um so mehr, als man sich von der Bogenlampe Wunderdinge versprach und geneigt war, zunächst die Kostenfrage als Nebensache zu betrachten. Die Erwartungen von der Wirkung des elektrischen Lichtbogens waren sehr hohe. Man plante, ausgedehnte Plätze mit wenigen Lampen von großer Leuchtkraft zu erhellen. Einer der ersten Versuche wurde im Dezember 1844 in Paris unternommen[1]). Der Concordienplatz war durch eine starke Bogenlampe beleuchtet, zur Stromlieferung diente eine galvanische Batterie. Ähnliche Versuche wurden des öfteren wiederholt, fast jede neue Bogenlampenkonstruktion ausprobiert. Seit 1846 bediente man sich bei besonderen Gelegenheiten des Bogenlichtes auch in der großen Oper zu Paris, stellte dort eine starke Batterie auf. Die Kosten für diese Anlagen müssen teilweise enorme gewesen sein. Dabei blieb die Lichtwirkung, namentlich bei Außenbeleuchtung, weit hinter den Erwartungen zurück und wurden die durchweg unausführbaren Projekte für dauernde Lichtversorgung mit Batterien aufgegeben.

Inzwischen war dem galvanischen Element in der Telegraphie ein Feld eröffnet, auf dem es weiteste Nutzanwendung fand und heute noch findet. Nach der Entdeckung von Oersted in Kopenhagen (1820), der die Ablenkung der Magnetnadel durch den galvanischen Strom feststellte, wendete Gauß (1833) diese zu Telegraphenzwecken an. Schon im Jahre 1836 baute auch Steinheil (München) einen elektrischen Telegraphen, dem er 1837 eine Linie von München nach Bogenhausen folgen ließ. Steinheil fand auch bereits im Jahre 1838, daß die Erde als Rückleiter dienen könne. Im Jahre 1843 stellte ein Engländer einen Telegraphen für die rheinischen Eisenbahnen her, während 1844 Morse die ersten langen Telegraphenlinien in Amerika von Washington nach Baltimore (60 km) baute.

Ein anderes Gebiet, das der elektrisch betätigten Uhren, wurde dem galvanischen Element 1844 durch Bein erschlossen; für Sprengungszwecke hatte Shaw es weit früher, im Jahre 1831, mit Erfolg benutzt.

[1]) L'électricité par J. Baille. Paris 1868.

Es fehlte demnach an einem weit ausgedehnten Arbeitsfeld, auf dem die Elemente mit Erfolg benutzt wurden, durchaus nicht, für Traktionszwecke und Beleuchtungsanlagen schien jedoch wenig Aussicht für erfolgreiche Anwendung vorhanden.

Im Gegensatz zu der bisher erwähnten Form des stromselbsterzeugenden galvanischen Elementes, für das der Sammelname Primärelement in Gebrauch kam, wiesen die Arbeiten des deutschen Arztes Sinstedten im Jahre 1854 auf eine vielversprechende neue Form der elektrolytischen Stromquelle hin, die sich prinzipiell von dem früheren System unterschied. Sinstedten fand, daß ein Element, dessen Elektroden aus Bleiplatten bestanden, während als Elektrolyt verdünnte Schwefelsäure gewählt war, einen kräftigen Strom abgab, „entladen", werden konnte, nachdem die Elektroden vorher längere Zeit mit einer der ihm zur Verfügung stehenden Primärzellen verbunden waren und dadurch das Element „geladen" war. Seine Versuche wurden fortgesetzt im Jahre 1859 von Planté, der 1860 den ersten Bleiakkumulator baute. Neben dem stromerzeugenden Primärelement war damit das stromaufnehmende und -abgebende Sekundärelement in einer Kombination geschaffen, in der es nach mancherlei Verbesserungen eine Reihe von Jahren später eine wichtige Rolle spielen sollte. Zunächst fehlte bei allem Interesse, das die Arbeiten von Sinstedten und Planté fanden, die nötige Anregung, größere Anstrengungen zur Vervollkommnung der Sekundärzelle zu machen. Die Situation wurde erst allmählich eine andere, als Werner von Siemens im Jahre 1867 seine Entdeckung der dynamoelektrischen Maschine veröffentlichte und damit die Konstruktion von Dynamos ermöglichte, mit deren Hilfe elektrischer Strom in nahezu unbegrenzten Mengen geliefert werden konnte, ein Ziel, das mit den früheren magnetelektrischen Maschinen nicht zu erreichen war. In schneller Folge schloß sich dem Bau der Dynamomaschinen die Errichtung größerer Beleuchtungsanlagen an. Die zunächst allein als Beleuchtungsmittel in Frage kommende Bogenlampe wurde verbessert (Differentiallampe von Hefner-Alteneck 1879), dann tauchte das Glühlicht auf (Swan 1879), überraschte Edison die Welt mit seiner Glühlampe, für deren Anwendung er nach gleichzeitiger Konstruktion einer Reihe für die Installation und den praktischen Gebrauch unentbehrlicher Zubehörteile schon 1881 in New-York die erste

Zentralstation mit 1284 Lampen errichtete. Die rasch an Zahl und Umfang wachsenden Lichtzentralen ließen sehr bald den Wunsch laut werden nach einer zuverlässigen Stromquelle, die zur Unterstützung der Dynamo, bei deren Stillstand als Ersatz dienen konnte. Ähnlich der Entwicklung des Primärelementes in den dreißiger Jahren, die eine Hochflut neuer Zellen brachten, welche man zu Starkstromlieferung zu brauchen gedachte, setzte nun eine lebhafte Erfindertätigkeit ein, um die von Planté geschaffene Sekundärzelle zu verbessern, sie für praktische Verwendung geeignet zu gestalten. Den ersten Erfolg bei diesen Bestrebungen, der sich auch später als dauernd und höchst wichtig erwies, hatte Faure (1880) aufzuweisen. Mit Sellon und Volkmar konstruierte er 1881 den ersten fabrikmäßig hergestellten Bleiakkumulator. Diese von der Electrical Power-Storage Company hergestellte Sekundärzelle hat den meisten später gebauten Bleiakkumulatoren als Vorbild gedient. Während Planté bei seinen grundlegenden Versuchen die Elektroden zylindrisch anordnete, gab Faure den Bleiplatten die flache Form, kürzte den Formierungsprozeß wesentlich ab durch Auftragen einer Paste auf die Platten. Volkmar formte die Faureplatten zu einem Gitter um, in dem die aktive Masse besser haftete.

Der kräftigen Entwicklung der Starkstromtechnik folgend, gelangte der nach den Patenten und Anregungen von Planté und Faure gebaute Bleiakkumulator für ortsfeste Betriebe in ausgedehntem Maße zur Anwendung. Die fleißige Arbeit zahlreicher Techniker, die im Laufe der Jahre auf den verschiedensten Verwendungsgebieten gesammelten Erfahrungen ließen schließlich allgemein gültige Betriebsvorschriften entstehen, die bei stationären Anlagen eine ausreichende Betriebssicherheit des Bleiakkumulators gewährleisten, solange diese Vorschriften durch sachkundiges Betriebspersonal strikte und mit Verständnis durchgeführt werden. Die meisten der nach und nach entstandenen Abarten stationärer Bleizellen, in Wesen und Prinzip gleichartig, in Plattenkonstruktion und Aufbau untereinander verschieden, sind von der Bildfläche verschwunden, zum großen Teil wegen ungenügender Leistung und Lebensdauer, zum Teil wegen zu geringer Kapitalkraft der betreffenden Fabriken und aus sonstigen Gründen. Die zurzeit in Europa und Amerika gebauten Bleizellen für Licht- und Kraftanlagen weisen wesentlich trennende

Merkmale nicht auf. Der Bleiakkumulator ist in Groß- und Kleinbetrieben eingebürgert, man hat gelernt, ihn nicht mehr als notwendiges Übel, sondern als wertvolle Ergänzung bei Kraft- und Lichtanlagen zu schätzen, sich auch daran gewöhnt, seine in manchen Fällen recht lästig empfundenen Eigenschaften, bestehend namentlich in hohem Gewicht, großem Platzbedarf, Geruch- und Dunstentwicklung, umständlicher Montage, diffiziler Bedienung, als selbstverständlich und unabänderlich mit in Kauf zu nehmen.

Ein gänzlich anderes Bild zeigt die Entwicklung des Bleiakkumulators für nicht ortsfeste, für transportable Zwecke.

Stutzig geworden durch die entmutigenden Erfahrungen, die man bei Anwendung der Primärzelle für Traktionszwecke, für Starkstromlieferung überhaupt gemacht hatte, traten die Techniker nur zögernd und zurückhaltend an Versuche heran, das galvanische Element in seiner Gestalt als Sekundärzelle anders wie für stationäre Anlagen zu benutzen. Wohl fehlte es schon in den achtziger Jahren nicht an vereinzelten Fällen, in denen Bleiakkumulatoren als Stromquelle für Traktionszwecke erprobt wurden, jedoch mit negativem Resultat. Die Unzulänglichkeit der Bleizelle wurde so sehr empfunden, daß man stellenweise sogar zu den schon 30 Jahre früher als aussichtslos erkannten Versuchen mit Primärzellen zurückkehrte. Zu erneuten Anstrengungen regte dann das Aufkommen der Benzin-Automobile an. Der Kraftwagenbau mit Benzinmotoren, dessen erste Anfänge bis auf das Jahr 1885 (Daimler, Cannstatt) zurückgehen, entwickelte sich langsam. Noch im Jahre 1894 betrug die höchste im Durchschnitt bei Automobilrennen erreichte Geschwindigkeit wenig mehr wie 20 km/Std. Zu dieser Zeit hatte der Elektromotor längst den Beweis seiner vorzüglichen Verwendbarkeit für Kraftbetriebe erbracht, wurde seit 1881 in regulärem Straßenbahnbetrieb in Dienst gehalten. Das Interesse für Kraftwagen war geweckt, für Sport- und Luxusfahrzeuge zeigte sich stetig steigende Nachfrage, dabei hafteten dem Benzin-Automobil derzeit noch Mängel an, die dringend Abhilfe heischten, von der jungen Automobilindustrie aber nur verhältnismäßig langsam beseitigt werden konnten. Die einfachste und beste Lösung verhieß der elektrisch betriebene Wagen, dessen zweckmäßiger Ausgestaltung sich erneut Technik und Kapital widmeten.

Sieht man von einzelnen, kaum der Erwähnung werten Versuchen ab, so kann man das Jahr 1894 als den Zeitpunkt bezeichnen, zu dem das Elektromobil begann, in regelmäßigen Dienst zu treten. Frankreich marschierte an der Spitze und machte energische Anstrengungen, die der allgemeinen Benutzung des elektrisch betriebenen Wagens entgegenstehenden Hemmnisse zu beseitigen. Daß größere Ausgaben nicht gescheut wurden, beweist die im Jahre 1895 von Jeantaud unternommene Fahrt von Paris nach Bordeaux, wobei die 600 km lange Strecke unter häufigem Wechsel der Batterie zurückgelegt wurde.

Neben Inbetriebsetzung zahlreicher Wagen für Privatgebrauch wurden Versuche in größerem Maßstabe gemacht, um die mit Pferden betriebenen Droschken durch solche mit Akkumulatorenbetrieb zu ersetzen. Hier ist namentlich zu nennen die Compagnie Générale des Voitures in Paris. Auch in Chicago wurde 1895 ein Dutzend Elektromobildroschken in Dienst gestellt. Einige Jahre später hielt dann in Deutschland das Elektromobil seinen Einzug. Auf der zweiten in Berlin veranstalteten Automobilausstellung (1902) war der elektrische Wagen in vereinzelten Exemplaren vertreten. Die folgenden Jahre brachten trotz aller dem Bau und der Ausstattung des Elektromobils gewidmeten Mühen und Kosten nicht den Aufschwung, der dem elektrischen Wagen auf Grund seiner anerkannten Vorzüge zukommt. Wohl wurde, von Publikum und Behörden gern gesehen und gefördert, nach und nach die Zahl der in Betrieb genommenen elektrischen Wagen vergrößert. Von der erhofften und allseitig gewünschten allgemeinen Einführung für Stadt- und Nahverkehr ist jedoch noch wenig oder nichts zu merken. In Frankreich, das dem Elektromobil anfangs so viele Opfer brachte, wo jede Möglichkeit einer Verbesserung des Betriebes sorgfältig von sachkundiger Seite erwogen wurde, ist heute offenbar wenig Neigung vorhanden, weitere Versuche anzustellen. Die meisten der dort in Benutzung gewesenen Wagen sind verschwunden. Von den übrigen Ländern weist noch Amerika die weitaus größte Zahl von Elektromobilen auf. Von einer Ingebrauchnahme des elektrischen Fahrzeuges, die auch nur annähernd seiner Bedeutung und seinen Vorteilen entspricht, ist jedoch weder dort noch in Europa die Rede. Fragt man nach dem Grund, so lautet die Antwort überall gleich: Es fehlt der genügend zuverlässige, brauchbare Akkumulator.

Die Bestrebungen, eine Sekundärzelle zu finden, welche die Nachteile der Bleizelle nicht aufweist, sind nicht neu. Es war naheliegend, einen Ausweg unter Umgehung des Bleiakkumulators zu suchen, als dieser sich für Traktion so wenig geeignet erwies. Der Franzose Darrieus beschäftigte sich schon Anfang der neunziger Jahre mit dem Problem, eine Sekundärzelle zu bauen, die an Stelle der Bleiplatten andere Metalle, statt der Schwefelsäure eine Alkalilösung aufwies. Als Metalle nennt sein französisches Patent vom Jahre 1893 Silber, Gold, Kupfer, Quecksilber, Wismuth, Eisen, Nickel, Kobalt, Kadmium. Bei der Unbestimmtheit, mit der die Patentbeschreibung abgefaßt ist, bei dem weiten Spielraum, den die darin enthaltenen Andeutungen lassen, mußte eine praktische Verwertung dieses Patentes, das lediglich eine Idee, keine greifbare Neuerung schützte, unterbleiben. Dem Schweden Jungner wurde 1899 ein Patent erteilt auf einen alkalischen Akkumulator, das als Elektroden Silber und Kupfer nennt. Der Versuch, die Jungnerschen Ideen in abgeänderter Form auszuführen, wurde in Deutschland unternommen, die Arbeiten sind jedoch als aussichtslos eingestellt worden.

Demgegenüber wählte Edison, wie immer seine eigenen Wege gehend, nach Erledigung langwieriger und zeitraubender Vorarbeiten bei seiner Sekundärzelle als Elektrodenmaterial Sauerstoffverbindungen des Nickels und Eisens, als Elektrolyt Kalilauge. Die zurzeit vorliegenden Erfahrungen, in Deutschland gesammelt an in Amerika hergestellten Edisonzellen, erstrecken sich auf jetzt ca. fünf Jahre; in Deutschland wurden die ersten Zellen im Herbst 1906 fabriziert und sofort in Betrieb genommen. Seitdem lieferte die Deutsche Edison-Akkumulatoren-Company G. m. b. H. in fortlaufender Fabrikation eine größere Anzahl von Batterien für die verschiedensten Zwecke. Die erzielten Resultate sind derart günstig, daß nunmehr mit absoluter Betriebssicherheit bei elektrischen Fahrzeugen, sobald diese mit Edisonakkumulatoren ausgerüstet sind, gerechnet werden kann.

Auf welche Weise Edison es erreichte, das galvanische Element zu einem tatsächlich brauchbaren, zuverlässigen Traktionsmittel umzugestalten und damit eine Frage zu lösen, die seit 75 Jahren Technik und Wissenschaft unaufhörlich beschäftigt, möge in den folgenden Darlegungen erläutert werden.

Elektroden-Material und chemische Reaktion der Edisonzelle.

Theoretisches.

Um den an einen brauchbaren transportablen Akkumulator zu stellenden Ansprüchen gerecht zu werden, stellte Edison für seine Arbeiten folgende Leitsätze auf, die bei der Herstellung seiner Zelle als Richtschnur dienten:

1. Es soll keine zersetzende Säure angewendet werden, vielmehr muß der Elektrolyt ein Alkali sein.
2. Sämtliche aktiv beteiligten Materialien sollen in dem Elektrolyten unlöslich sein.
3. Der Elektrolyt soll während aller Stadien der Ladung sowohl wie der Entladung praktisch eine Veränderung nicht zeigen.
4. Das Material soll geringes Gewicht aufweisen.
5. In mechanischer Beziehung ist starke Konstruktion erforderlich.
6. Der praktische Betrieb soll Zerstörungen und Verschlechterungen möglichst nicht herbeiführen.
7. Die Handhabung der Batterie bei Ladung wie Entladung soll derart einfach sein, daß ohne weiteres jeder Laie gleich gute Resultate mit der Batterie erzielt wie der Fachmann.
8. Es soll der Batterie nicht schädlich sein, wenn Überladung, vorübergehend starke Entladung, selbst einmal Entladung bis zum Nullpunkt stattfindet, oder wenn dieselbe eine Zeitlang in vollständig bzw. teilweise geladenem oder auch gänzlich entladenem Zustande unbenutzt stehen bleibt.
9. Endlich soll das Gewicht der Batterie, bezogen auf die Pferdekraftstunde, gering und die Kapazität konstant sein während einer langen Zeitperiode.

Jeder Satz in diesem später streng durchgeführten Programm zeigt, daß Edison sich von vornherein über den einzuschlagenden Weg völlig klar war. Es sollte eine Sekundärzelle geschaffen werden, die, in ihren hauptsächlichen Eigenschaften prinzipiell von den bis dahin bekannten Akkumulatoren abweichend, die offenkundigen Fehler der Bleizelle nicht aufwies, Fehler, welche die letztere grundsätzlich unzulänglich erscheinen läßt, für transportable und auch für manche anderen Zwecke rationell verwendet zu werden.

Die erste Aufgabe war, Elektroden zu ermitteln, die bei möglichst hoher Spannungsdifferenz keinerlei Neigung zeigten, in der als Elektrolyt zu wählenden Kalilauge in Lösung zu gehen. Anhaltspunkte für die Auswahl des in der Zelle tätigen, des sogenannten aktiven Materials fehlten fast gänzlich. Auf rechnerischem Wege war so gut wie nichts zu ermitteln, da trotz hoher Entwickelung von Chemie und Elektrotechnik keine für praktische Verwertung nutzbaren Daten vorhanden waren. Nicht nur die Zusammenstellung von je zweien der verschiedenen Metalle an sich mußte auf die Möglichkeit der Benutzung abgeschätzt werden, es ergab sich, daß fast jede Sauerstoffverbindung, jede Oxydationsstufe eines Metalles andere Gesichtspunkte eröffnete und experimentell geprüft werden mußte. Bei dieser Sachlage blieb nur übrig, langwierige und zeitraubende Versuche zunächst mit kleinen Zellen im Laboratorium anzustellen, um eine Kombination von Elektroden zu finden, die den zu stellenden Anforderungen entsprach. Offenbar sind derartige unumgänglich notwendige Vorarbeiten von anderer Seite nicht oder nicht genügend durchgeführt worden und ist dies der Grund, weshalb mit so vielen auf alkalische Akkumulatoren erteilten Patenten wenig oder gar nichts zu erreichen war. Die meisten derartigen Patente scheinen lediglich an Hand theoretischer Erwägungen angemeldet zu sein und ergab schon eine oberflächliche experimentelle Prüfung, daß jede Verwertung absolut ausgeschlossen ist. Andere wiederum stellen Ideen dar, deren Ausführung unterbleiben mußte, weil der Erfinder sich damit begnügte, seine Gedanken und Absichten in Patentschriften niederzulegen, ohne sich darum zu kümmern, ob und in welcher Weise die einer Fabrikation, einer Verwirklichung seiner Schutzansprüche entgegenstehenden Bedenken und Schwierigkeiten überwunden werden können.

Edison entschied sich schließlich, nachdem seine grundlegenden Vorarbeiten weit genug durchgeführt erschienen, als positive Elektrode Nickelhydroxyd, als negative Elektrode Eisenoxyd zu verwenden. Beide Materialien lassen sich in Kalilauge oxydieren und reduzieren und sind in diesem Elektrolyten unlöslich, beide werden in genau festgelegten chemischen Prozessen hergestellt. Ihr prinzipielles Verhalten in der Zelle, soweit es zum Verständnis des Edisonakkumulators nötig erscheint, mag hier kurz beschrieben werden. Wie bei der Bleizelle lassen auch bei der Edisonzelle die chemischen Vorgänge bei Ladung und Entladung verschiedene Deutung zu und bleibt es der wissenschaftlichen Forschung noch vorbehalten, bei letzterer in ähnlicher Weise abschließende Theorien aufzustellen, wie dies bei dem weit älteren Bleiakkumulator bereits geschehen ist[1]).

Das in der Edisonzelle auf der positiven Seite benutzte Material besteht aus Nickelhydroxyd, dem ca. 20% eines flockigen Graphits zugesetzt sind. Die Beigabe und innige Vermischung des Graphits mit dem Nickelhydroxyd ist notwendig, weil letzteres ohne einen leitenden Zusatz dem Stromdurchgang zu hohen Widerstand entgegensetzen würde. Auf der negativen Seite kommt ein Gemenge von fein verteiltem Eisen und Eisenoxyd zur Verwendung. Diesem sind ca. 10% Quecksilberoxyd beigemischt. Neben seiner Bestimmung als Mittel zur Erhöhung der Leitfähigkeit spielt das Quecksilberoxyd eine wichtige Rolle dadurch, daß es in hohem Maße dazu beiträgt, die Zelle gegen Stromstöße widerstandsfähig, elastisch zu machen.

Werden die vorgenannten Elektroden in der als Elektrolyt dienenden 21proz. Kalilauge erstmalig einem Stromdurchgang, einer „Formierung" unterworfen, so treten die bei Elektrolyse einer wässerigen Lösung bekannten Erscheinungen auf: Es entwickelt sich am negativen Pol Wasserstoff, am positiven Pol Sauerstoff. Hierbei wird mit fortschreitender Formierung oder „Ladung", die etwa 36 Stunden in Anspruch nimmt, das Nickelhydroxyd auf eine höhere Oxydationsstufe gebracht und geht zu Nickelsesquihydroxyd über, während das Gemenge von Eisen und Eisenoxyd reduziert wird zu metallischem Eisen. Bei der nachfolgenden Stromentnahme oder „Entladung" tritt der geschilderte Vorgang in umgekehrter Richtung auf, das heißt die Nickelseite gibt Sauerstoff ab und wird zu der vor der Ladung bestehenden Form des Nickelhydroxydes reduziert, während die Eisenelektrode Sauerstoff aufnimmt und zu Eisenoxyd oxydiert wird. Wurde demnach bei der Ladung der Zelle elektrische Energie verbraucht, um eine chemische Umwandlung der Elektroden hervorzurufen, so wird bei der Entladung, durch den dann einsetzenden chemischen Prozeß der Rückbildung des

[1]) Nähere Beschreibungen der chemischen Vorgänge in der Edisonzelle sind enthalten u. a. in: Elektrochemie wässriger Lösungen. F. Foerster 1905. Zeitschrift für Elektrochemie 13 (1905): Über die Vorgänge im Eisennickelsuperoxydsammler. F. Foerster und V. Herold.

Elektrodenmaterials in den früheren Zustand, elektrische Energie erzeugt.

Streng genommen ist das Verhalten der Elektroden ein von der vorstehenden kurzen Erklärung teilweise abweichendes. Es ist auf der negativen Seite nach erfolgter Entladung nicht nur Eisenoxyd, sondern ein Gemenge von solchem und metallischem Eisen vorhanden. Die negative Elektrode enthält einen starken Überschuß an Eisen, so daß auch bei völliger Entladung der Nickelseite nicht annähernd alle Teile der Eisenseite an der Entladung teilnehmen. Das quantitative Verhältnis zwischen Nickelelektrode und Eisenelektrode ist also so gewählt, daß auch bei gänzlicher Erschöpfung der positiven Seite noch ein reichlicher Vorrat an metallischem Eisen, das noch Sauerstoff aufnehmen könnte, vorhanden ist. Der Kürze wegen ist hier nur das für den praktischen Betrieb hauptsächlich in Betracht kommende Verhalten der Elektroden unter Außerachtlassen der sonstigen Nebenerscheinungen beschrieben.

Die chemische Formel für Ladung und Entladung lautet hiernach:

Im entladenen Zustande:

Minuspol oder Eisenelektrode	Elektrolyt	Pluspol oder Nickelelektrode
$Fe(OH)_2$ oder Eisenhydroxyd	KOH + aqua oder Kaliumhydroxyd und 4 Teile Wasser	$2\,Ni(OH)_2$ oder Nickelhydroxyd

Im geladenen Zustande:

Fe oder metallisches Eisen	KOH + aqua oder Kaliumhydroxyd und 4 Teile Wasser	$2\,Ni(OH)_3$ oder Nickelsesquihydroxyd

Es fällt an dieser Aufstellung zunächst auf, daß der Elektrolyt, die 21 proz. Kalilauge während des ganzen Verlaufes der Ladung und Entladung unverändert bleibt. In der Tat nimmt das als Stromleiter dienende Kaliumhydroxyd an den Wechselwirkungen praktisch nicht teil. Es findet lediglich ein Zerlegen des in der Lösung enthaltenen Wassers in seine Bestandteile, Sauerstoff und Wasserstoff, statt. Der während der Ladung von der Nickelseite aufgenommene Sauerstoff geht mit der positiven Elektrode eine chemische Verbindung ein, bringt das Nickelhydroxyd auf eine höhere Oxydationsstufe, das Nickelsesquihydroxyd (Fig. 1). Bei der Entladung gibt die Nickelseite den Sauerstoff wieder an den Elektrolyten ab, der ihn zurück zur negativen Elektrode transportiert, welch letztere also während der Entladung den bei der Ladung abgegebenen Sauerstoff zurücknimmt (Fig. 2). Gleichzeitig findet noch ein weiterer Vorgang statt, der zur Erläuterung des Verhaltens des Elektrolyten erwähnt werden muß. Es ist festgestellt worden, daß zwar die im Elektrolyten enthaltene Menge von Kaliumhydroxyd unverändert bleibt, eine Tatsache, die dazu geführt hat, den Edisonakkumulator eine Sekundärzelle mit unveränderlichem alkalischen Elektrolyten zu nennen, daß jedoch der Gehalt an Wasser zwischen Ladung und Entladung schwankt. Der Unterschied in der Dichtigkeit der Kalilauge ist, im Zustande der Ladung und Entladung gemessen, nur gering, aber chemisch nachweisbar[1]). Die Kalilauge enthält nach stattgefundener Entladung weniger Wasser als am Ende der Ladung, mit anderen Worten, das spezifische Gewicht der Lauge ist höher in der entladenen, wie in der geladenen Zelle. Die Erklärung hierfür ist darin zu suchen, daß ein Teil des während der Ladung

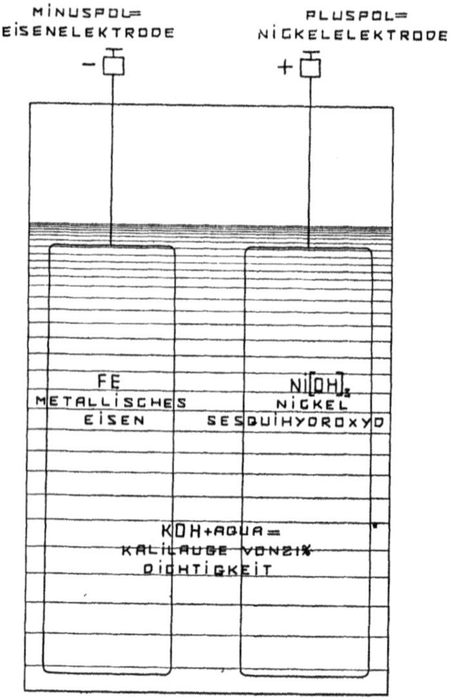

Fig. 1. Schematische Darstellung des chemischen Zustandes der geladenen Edisonzelle.

[1]) Zeitschrift für Elektrochemie 21 (1908) F. Foerster.

der Eisenelektrode entnommenen Sauerstoffes mit dem auf der negativen Seite auftretenden Wasserstoff sich zu Wasser —H_2O — verbindet und die Kalilauge verdünnt. Bei der Entladung dagegen zerfällt dieses bei dem Ladevorgang gebildete Wasser wieder, indem der Sauerstoff von der Eisenelektrode absorbiert wird und der Wasserstoff bei der Reduktion des Nickelsesquihydroxydes zu Nickelhydroxyd mitwirkt. In den beiden schematischen Darstellungen (Fig. 1 u. 2) ist der Einfachheit wegen nur auf die wirksamen aktiven Massen Rücksicht genommen, die leitenden Beimischungen, Graphit auf der Nickelseite und Quecksilberoxyd auf der Eisenseite, sind nicht mit angeführt.

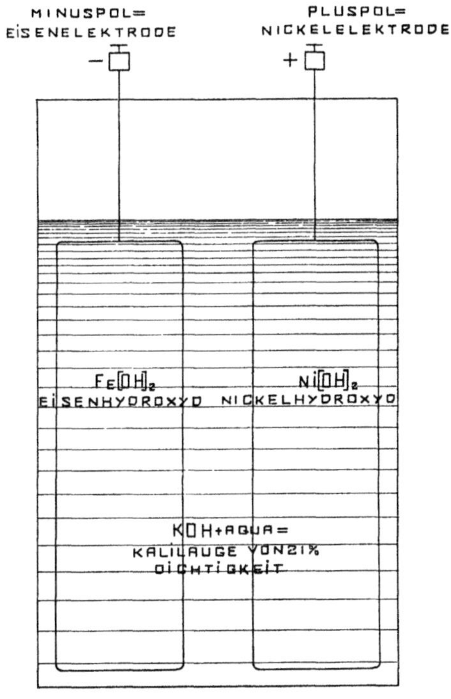

Fig. 2. Schematische Darstellung des chemischen Zustandes der entladenen Edisonzelle.

Von größter Wichtigkeit ist die vorstehend geschilderte Tatsache, daß beim Edisonakkumulator nur die Bestandteile des im Elektrolyten enthaltenen Wassers Verbindungen mit den Elektroden eingehen, dagegen keinerlei chemische Wechselwirkung zwischen dem Kaliumhydroxyd und dem aktiven Material stattfindet. Einmal folgt hieraus, daß die Dichtigkeit des Elektrolyten, der Gehalt an Kaliumhydroxyd in weiten Grenzen schwanken kann, ohne die Leitfähigkeit der Lauge so weit zu beeinträchtigen, daß durch Widerstandsänderung die Kapazität vorübergehend beeinflußt wird, zweitens aber ergibt sich, daß eine dauernde Schädigung der Zellen durch langes, unbenutztes Stehen nicht eintritt. Endlich bringt das Verhalten der Elektroden zum

Elektrolyten den eminenten Vorteil mit sich, daß weder tiefgehende Entladungen, noch auch Überladungen, das heißt Ladungen, die länger wie nötig fortgesetzt werden, der Edisonzelle schädlich sein können.

Wie bei jeder Arbeitsleistung, tritt bei Umsetzung von elektrischer in chemische Energie und bei deren Rückwandlung in nutzbar abzugebende elektrische Kraft ein bestimmter Verlust ein in der Edisonzelle, dessen Höhe teilweise von der Zeit und von der Stromstärke abhängt, welche für die Ladung des Akkumulators aufgewendet werden. Ebenso ist die Höhe des Verlustes abhängig von der Stromstärke, mit der die Zelle entladen wird.

Der Verlust bei Ladung der Edisonzelle entsteht dadurch, daß nicht der gesamte Betrag an Wasserstoff und Sauerstoff, der an den Elektroden entwickelt wird, zur Wiederaufnahme gelangt. Vielmehr entweicht ein Teil in Gasform, verläßt die Zelle auf später noch näher erläutertem Wege. Außerdem trägt zu dem Arbeitsverlust bei die Differenz der Spannung, welche die Zelle bei Ladung und Entladung zeigt. Die Größe des Verlustes — und das ist eine weitere, mit erheblichem Vorteil verbundene Eigentümlichkeit der Edisonzelle — ist außerordentlich variabel, kann in weitestem Maße den jeweiligen Betriebsverhältnissen angepaßt werden. Der Grund dafür, daß man willkürlich den Verlust oder den Nutzeffekt beeinflussen kann, liegt darin, daß erstens die Durchschnittslinien der Spannung bei Ladung und Entladung sich einander nähern, je niedriger die Stromstärken gehalten werden, daß zweitens die Gasentwicklung bei Ladung mit wachsender Stromstärke zunimmt, auch stärker wird, je mehr sich die Ladung der Grenze des Aufnahmevermögens nähert und daß endlich drittens *die Ladung in jedem Stadium abgebrochen werden darf.* In der Tat kennt der Edisonakkumulator eine Vorschrift, wonach die Ladung im Interesse der Lebensdauer oder zur Vermeidung von Störungen in der Zelle bis zu einer bestimmten Grenze fortgesetzt werden muß, nicht. Die jeweilig aufzuwendende Ladeenergie richtet sich lediglich nach der Arbeitsleistung, welche man für einen bestimmten Fall der Batterie entnehmen will, wobei selbstverständlich als äußerste Grenze diejenige Leistung gilt, für welche die betreffende Zelle bestimmt oder gebaut ist. Wie in den nachfolgenden Abschnitten noch näher ausgeführt wird, findet in den meisten Fällen, namentlich bei Betrieb von Elektromobilen, eine Ausnutzung der Edisonzelle statt derart, daß der Verlust an Energie, gemessen vor Beginn einer Ladung bis Beendigung der Entladung, etwa 48% beträgt. Überall dort, wo wirtschaftliche Gründe es zweckmäßig erscheinen lassen, an Ladeenergie zu sparen, kann der Verlust durch Herabsetzen der Ladestromstärke — also Verlängern der Ladezeit — oder durch entsprechend geringere Ausnutzung des Leistungsvermögens der Zelle ganz erheblich verringert, der Energienutzeffekt auf 65%, 70% und mehr gesteigert werden.

Mißt man die Potentialdifferenz einer Edisonzelle in unbelastetem Zustande, so erhält man eine sogenannte „freie Spannung" von etwa 1,36 bis 1,4 Volt. Der normale Betrieb der Edisonzelle sieht eine Ladezeit von $3^3/_4$ Stunden, eine Entladezeit von mindestens gleicher Dauer vor. Hierbei ist mit einer mittleren Ladespannung von ca. 1,73 Volt und einer mittleren Entladespannung von ca. 1,23 Volt zu rechnen.

Von normalen Schwankungen der Außentemperatur ist die Edisonzelle nur in geringem Maße abhängig. Sie neigt bei Entladung weniger zu Temperaturerhöhung wie bei Ladung und ist daher auch bei starker Beanspruchung vor übermäßiger Erwärmung geschützt. Die bei $3^3/_4$stündiger Entladung von der Zelle geleistete Stromstärke kann für kurze Zeit, stoßweise, auf ein Vielfaches erhöht werden, ohne schädliche Wirkungen hervorzurufen. Die dauernde Anwendung von Stromstärken, die erheblich über der für $3^3/_4$stündige Entladung ermittelten liegen, kann schließlich zu einer Temperatursteigerung führen, die eine Beeinträchtigung der Leistungsfähigkeit, der Kapazität herbeiführt. Erst bei dauernder Erwärmung über ca. 40—45° C, hervorgerufen durch abnormal hohe Stromstärken, ist die Möglichkeit gegeben, die Kapazität durch Erhitzen der Elektroden herabzusetzen.

Mit zunehmender Temperatur steigt die Leistung der Zelle, generell gesprochen, an und zwar derart, daß zwischen ca. 10° und 40° C die Ausbeute an Energie um ca. 5% zunimmt.

Wird die Edisonzelle vollgeladen, so tritt, falls wochen- und monatelang wenig oder gar kein Strom entnommen wird, eine langsame Selbstentladung ein. Wie die im nächsten Abschnitt gegebenen zahlenmäßigen Unterlagen zeigen, ist während der ersten Wochen die Selbstentladung am stärksten, bei längerem unbenutzten Stehen verlangsamt sich die Eigentätigkeit der Zelle, um schließlich einen Beharrungszustand zu erreichen, von wo aus die weitere Entladung ohne Stromentnahme im äußeren Schließungskreise eine minimale ist. Die in dieser Richtung angestellten Versuche haben ergeben, daß die Nickelelektrode nur sehr wenig an der Selbstentladung teilnimmt, daß vielmehr die Eisenelektrode es ist, welche in der ersten Zeit stärker, später schwächer tätig ist, um in ihren einzelnen Partikelchen unter Wasserstoffabgabe und Sauerstoffaufnahme aus dem Zustand des metallischen Eisens in den des Eisenoxydes überzugehen. Was hierbei im Laufe mehrerer Monate an Kapazität verloren geht, ist verhältnismäßig nicht bedeutend. Bemerkenswert ist, daß auch bei hohen Stromdichten, die der normalen Belastung entsprechen, die Kapazität in Amp.-Std. wenig nachläßt, nach wochen- und monatelangem Stehen ohne erheblichen Verlust noch abgegeben wird unter niedrigerem Verlauf der Spannungskurve. Irgendeine Schädigung der Zelle, ein ungünstiges Beeinflussen der aktiven Masse findet nicht statt, auch wenn während mehrerer Monate keine Aufladung vorgenommen wird.

Ein durchaus gegenteiliges, durch die Natur der Elektroden und des Elektrolyten bedingtes Verhalten zeigt die Bleizelle. Die jahrelangen, mit dem Bleiakkumulator gemachten Erfahrungen, die eingehenden, in Laboratorium und Praxis angestellten Untersuchungen haben eine reichhaltige Literatur entstehen lassen, deren Angaben bezüglich der Hauptmerkmale der Bleizelle durchweg übereinstimmen, während bei den rein theoretischen Erörterungen noch einige hier nicht in Betracht kommende Meinungsverschiedenheiten mehr nebensächlicher Bedeutung bestehen.

Bei einem regelrecht gebauten und formierten Bleiakkumulator, der als Elektroden Bleiplatten, als Elektrolyt Schwefelsäure von etwa 1,16 bis 1,17 spez. Gewicht enthält, entsteht bei Ladung an der positiven Platte unter Sauerstoffentwicklung Bleisuperoxyd, an der negativen Platte unter Wasserstoffentwicklung schwammiges Blei, gleichzeitig an beiden Elektroden Schwefelsäure; bei der Entladung wird das aktive Material auf der positiven Seite reduziert zu Bleioxyd, auf der negativen Seite oxydiert ebenfalls zu Bleioxyd, außerdem aber entsteht an beiden Elektroden Bleisulfat unter Verbrauch von Schwefelsäure. Die chemische Formel lautet:

$$Pb + PbO_2 + 2\,H_2SO_4 \rightleftarrows 2\,PbSO_4 + 2\,H_2O\ ^{1)}.$$

In der Bleizelle wird also nicht nur das im Elektrolyten enthaltene Wasser, sondern auch die Schwefelsäure in chemische Wechselwirkung zum aktiven Material gebracht. Die Folge ist ein merkbares, mit einem Areometer meßbares Schwanken der Konzentration des Elektrolyten zwischen Ladung und Entladung, weshalb die Bleizelle als ein Akkumulator mit saurem, veränderlichem Elektrolyten bezeichnet wird.

Sehr schwerwiegend nun ist der Umstand, daß in der Bleizelle die Elektroden das Bestreben zeigen, mit der Schwefelsäure Verbindungen einzugehen, sobald die Zelle sich im Zustande der Ruhe befindet. Es findet fortgesetzt, solange nicht geladen wird, eine langsame Bildung von Bleisulfat statt, die schädlich wirkt, sobald nicht rechtzeitig und genügend aufgeladen wird. Es sind gewissermaßen zwei Arten von Bleisulfat zu unterscheiden: das aktive und das inaktive Bleisulfat. Ersteres gehört zum normalen Verlauf der Tätigkeit der Bleizelle, entsteht bei der Entladung und wird bei der Ladung wieder durch die Einwirkung des elektrischen Stromes beseitigt. Das Auftreten des inaktiven Bleisulfats wird begünstigt durch verschiedene Umstände, es entsteht aber hauptsächlich bei Entladung der Zelle bis unterhalb der normalen Grenze und bei Stehenlassen im entladenen Zustande. Das inaktive schädliche Bleisulfat überzieht die Elektroden allmählich mit einer harten, grauweißen Kruste, welche die Poren des aktiven Materials zusetzt und durch mehr oder weniger starkes Überladen entfernt werden soll, solange nicht ein stärkeres Mittel — Auseinanderschneiden von Platten und Verbindungsleisten und mechanisches Abkratzen der Sulfatschicht — angewendet werden muß. Um das Entstehen von schädlichem Bleisulfat zu verhindern, ist es erforderlich, die Ladung stets so weit durchzuführen, daß mit Sicherheit jedes bei der Entladung gebildete Sulfatteilchen beseitigt ist. Wird die Ladung zu frühzeitig abgebrochen, bleibt Sulfat bei der Aufladung zurück, so führen anfänglich kleine Reste der schädlichen Schicht bei folgenden ungenügenden Ladungen sehr bald zu der gefürchteten

[1]) Die Theorie des Bleiakkumulators, Dolezalek, 1901.

stärkeren Sulfatkruste, die im besten Fall einen erheblichen Aufwand an nutzlos vergeudetem Strom für Überladung verlangt, um den Akkumulator vor gänzlichem Verderben zu retten. Hierbei ist zu bedenken, daß auch starke, längere Zeit fortgesetzte Überladungen der Bleizelle schädlich sind, da durch die dann auftretende heftige Gasentwicklung, die eben die Sulfatschicht fortspülen, abreißen soll, auch Teile des so notwendigen aktiven Materials mit fortgerissen werden. Die auf solche Weise von den Platten losgelöste Masse bedeutet nicht allein eine Verringerung der Kapazität, sondern sie führt auch bei größerer Anhäufung am Boden der Zelle zu Verbindungen zwischen den Platten verschiedener Polarität, es tritt Kurzschluß ein, der in kurzer Zeit das Unbrauchbarwerden der Zelle herbeiführt.

Der Nutzeffekt der Bleizelle ist, solange die Elektroden gesund sind, die Bedienung an Sorgfalt nichts zu wünschen übrig läßt, bei gleichbleibenden, verhältnismäßig geringen Entladestromstärken ein günstiger, wird von den meisten Forschern an Hand von Laboratoriumsversuchen auf 70%, 80% und mehr in Wattstunden angegeben. Dieser Nutzeffekt, das Verhältnis zwischen bei der Ladung aufgewendeter und bei der Entladung wieder erhaltener elektrischer Energie ist beim Bleiakkumulator jedoch in weitestem Maße abhängig von der Entladestromstärke. Außerdem ist jeweilig in Betracht zu ziehen, ob die betreffende Bleizelle für stationären Betrieb, das heißt kräftig und schwer, oder für transportable Zwecke leicht und schwach gebaut ist. Die ersteren widerstehen in jeder Beziehung abnormaler Beanspruchung weit besser, werden in Nutzeffekt und Lebensdauer wesentlich weniger durch hohe Entladestromstärken geschädigt, wie dies bei den leichten Bleizellen der Fall ist. Auch die für Bleizellen angegebene mittlere Entladespannung richtet sich nach dem Verwendungszweck. Für etwa fünfstündige Entladung rechnet man bei stationärem Betrieb mit ca. 1,9 Volt, bei transportablen Batterien mit ca. 2 Volt durchschnittlich pro Zelle und schreibt die Differenz der bei letzterer benutzten stärkeren Schwefelsäure zu. Bei stationären Bleibatterien wählt man Schwefelsäure von etwa 1,16—1,2, bei transportablen solche von etwa 1,2—1,27 spezifischem Gewicht.

Die hiernach zwischen dem Edisonakkumulator und der Bleizelle bestehenden prinzipiellen Unterschiede gewinnen noch an

Bedeutung, wenn man die mechanische Konstruktion der beiden Sammler, die im nächsten Abschnitt erörtert wird, in Rücksicht zieht.

Mechanische Konstruktion des Edisonakkumulators.

Mit Auswahl der richtigen und bestgeeigneten Elektroden, mit dem Festlegen der bei Fabrikation des aktiven Materials einzuhaltenden chemischen Prozesse waren die Schwierigkeiten, welche Edison beim Bau seiner Sekundärzelle entgegentraten, nicht erschöpft. Im Gegenteil häuften sich die Hindernisse, je mehr sich die Arbeiten ihrem Ziel näherten. Es handelte sich beim mechanischen Ausbau in erster Linie darum, für Aufnahme und sicheres Festhalten der aktiven Masse einen Träger zu konstruieren, der mechanisch stark, von denkbar leichtem Gewicht, widerstandsfähig gegen die Einflüsse der Kalilauge und von solcher Gestalt war, daß dem Elektrolyten genügend freier Zutritt zur aktiven Masse gesichert bleibt. Das Auftragen der letzteren in Form einer Paste, wie dies beim Bleiakkumulator geschieht, verbot sich von selbst. Edison brachte daher zunächst das feine pulverförmige Material in langgestreckte Behälter von Nickelblech, das mit entsprechend vielen kleinen Durchbohrungen versehen war. Bald stellte sich heraus, daß die Größe der Behälter nur eine beschränkte sein konnte, sollte das Nickelblech nicht zu schwer werden. Es mußte dem bei der Formierung auftretenden Druck der aktiven Masse Rechnung getragen werden, um einem Ausbauchen der Masseträger vorzubeugen. Formveränderungen dieser Träger konnten nur in bescheidenstem Umfange zugelassen werden, um möglichst geringen Abstand der Elektroden verschiedener Polarität zu sichern. Da schließlich die Fabrikationskosten nicht zu hohe werden durften, Nickelblech obendrein die Verarbeitung erschwert, so entschloß Edison sich, Eisenblech zu verwenden, das auf elektrolytischem Wege stark vernickelt wird. Noch Anfang 1901 zeigten die Masseträger eine von der später endgültig festgelegten wesentlich abweichende Form. Doppelte, aus durchlöchertem Blech gebildete Platten enthielten, in ihre ganze Höhe einnehmenden, breiten Abteilungen, die gepulverte Masse. An Hand dieser ersten Ausgestaltung wurde experimentell festgestellt, in welcher Richtung die noch auftretenden Mängel zu beseitigen waren. Danach entstand innerhalb außerordentlich kurzer Zeit eine Reihe von Neukonstruktionen, die aus der Fülle von Möglichkeiten die heute angewandte Form festlegten, welche sich bei der späteren Fabrikation und der praktischen Erprobung der Zellen ausgezeichnet bewährte.

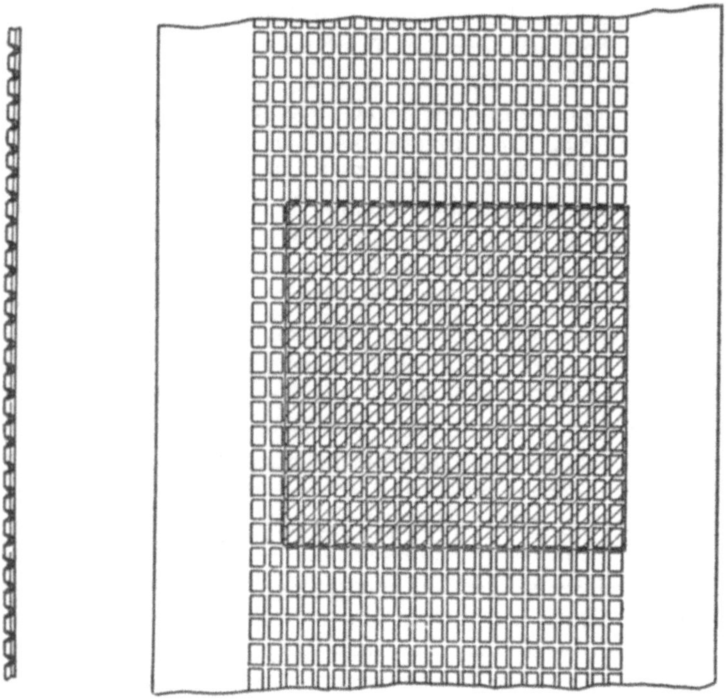

Fig. 3. Maßstab 4,5 : 1. Ansicht und Längsschnitt des vernickelten, perforierten Eisenbandes, aus dem die Taschen der Edisonzelle hergestellt werden. Der schraffierte Teil der Abbildung zeigt, wieviel Löcher das Eisenband pro Quadratzentimeter Fläche enthält.

Das aktive Material der Edisonzelle wird in trockenem Zustand eingefüllt in rechteckige Behälter, sogenannte Taschen, die aus stark vernickeltem Eisenblech von 0,075 mm Stärke gefertigt sind. Das in Form langer Bänder exakt geschnittene Eisenblech wird seiner ganzen Länge nach mit kleinen Löchern versehen, perforiert (Fig. 3). Die nach dem Vernickeln daraus hergestellten Taschen von etwa 74 mm Länge bei 13 mm Breite bestehen aus zwei Hälften, die genau schließend ineinander passen (Fig. 4). Das Perforieren des eisernen Bandes findet in der Weise statt, daß die Taschen an der Innenseite mit kurzen spitzen Stacheln entsprechend der Anzahl der eingedrückten

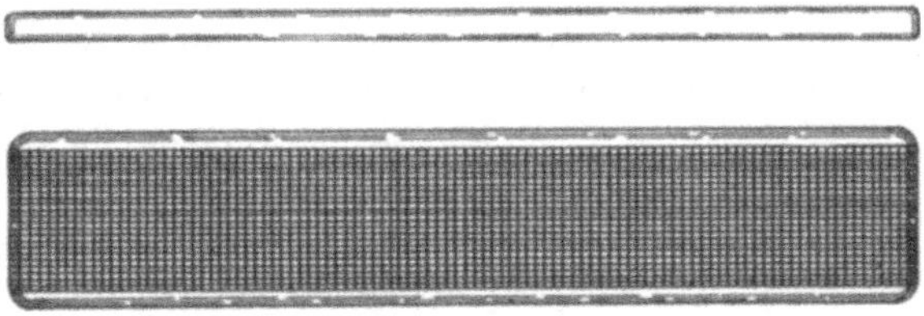

Fig. 4. Natürliche Größe. Ansicht und Querschnitt einer ungefüllten Tasche zur Aufnahme des aktiven Materials.

Löcher versehen werden. Auf diese Weise ist ein inniger Kontakt zwischen den Taschen und dem darin enthaltenen aktiven Material gesichert, da die haarfeinen, scharfen Vorsprünge gleich Fühlhörnern in das Füllmaterial hineingreifen. Die zunächst nur lose mit aktivem Material gefüllten Taschen werden durch

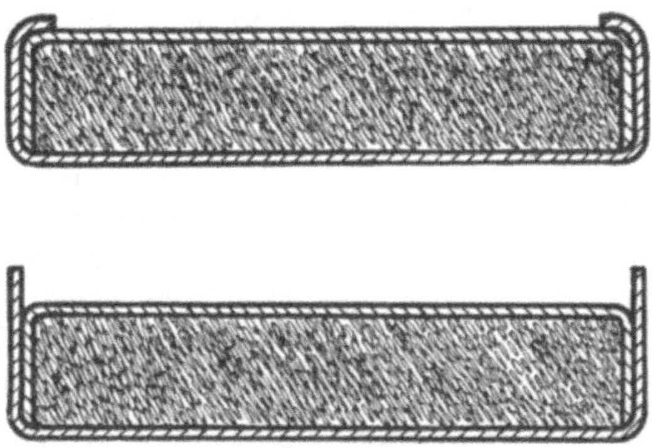

Fig. 5. Maßstab 5:1. Querschnitt durch eine mit aktivem Material gefüllte Tasche. Die untere Abbildung zeigt die beiden Taschenhälften lose ineinandergefügt; in der oberen Abbildung ist die Tasche geschlossen.

Umlegen der äußeren Taschenhälften geschlossen (Fig. 5) und an den beiden Längsseiten mit Rillen versehen. Darauf findet das Einsetzen der Taschen in vernickelte Platten statt, die aus Eisenblech von 0,4 mm Dicke hergestellt sind. Die Platten sind mit rechteckigen Öffnungen versehen, in welche die Taschen schließend hineinpassen (Fig. 6). Bei der von Edison zuerst konstruierten Normalzelle enthält jede Platte 24 Taschen. Unter starkem, hydraulischem Druck werden diese in die gehörige Form gebracht, das heißt, sie werden der Breite nach in Bogenform gepreßt, gleichzeitig auch in ihrer ganzen Ausdehnung wellenförmig gestaltet (Fig. 7 und 8). Bei dem Preßverfahren legen sich die gerillten Seiten fest über das einschließende Blech der gemeinsamen Platte, so daß zwischen dieser und der Tasche eine solide, nur nach gewaltsamem Deformieren der Platte lösbare Verbindung entsteht. Ferner bringt der hohe Druck die einzelnen Partikelchen des aktiven Materials in guten Kontakt zueinander. Die fertige Tasche ist steif und fest wie ein massives Stück Flacheisen, sie hält beim Arbeiten der Zelle dem Druck der eingeschlossenen Masse stand und sichert durch ihre Elastizität dauernd die Aufrechterhaltung der stromleitenden Verbindung zwischen Füllmaterial und Platte. Die geschilderte Taschen- und Platten-

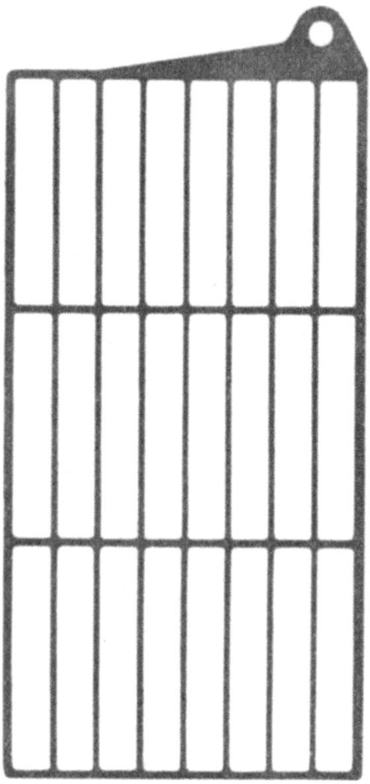

Fig. 6. Maßstab 1 : 2,6.
Gitter ohne Taschen für positive und negative Platte in einer Edisonzelle Type H. Die Gitter sind aus vernickeltem Eisenblech hergestellt.

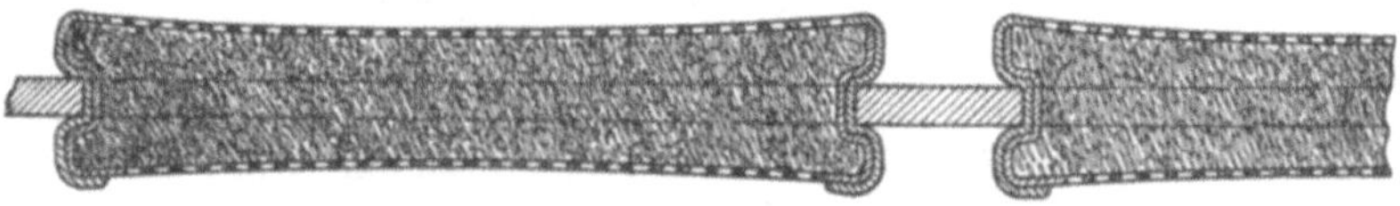

Fig. 7. Maßstab 4 : 1. Querschnitt durch die in vernickelte Eisenplatte eingepreßte, mit aktivem Material gefüllte Tasche einer Edisonzelle.

form wird sowohl für die positive, wie auch für die negative Seite der Edisonzelle benutzt (Fig. 9). Die einzelnen Platten laufen nach oben in eine mit runder Öffnung versehene Verlängerung aus und werden entsprechend der Leistung der zu

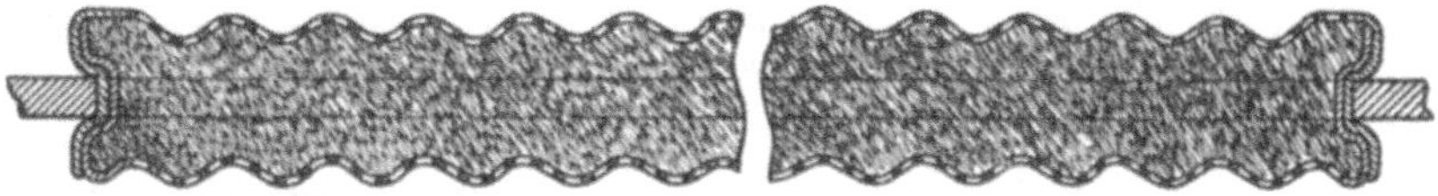

Fig. 8. Maßstab 4:1. Längsschnitt durch die in vernickelte Eisenplatte eingesetzte, mit aktivem Material gefüllte Tasche einer Edisonzelle.

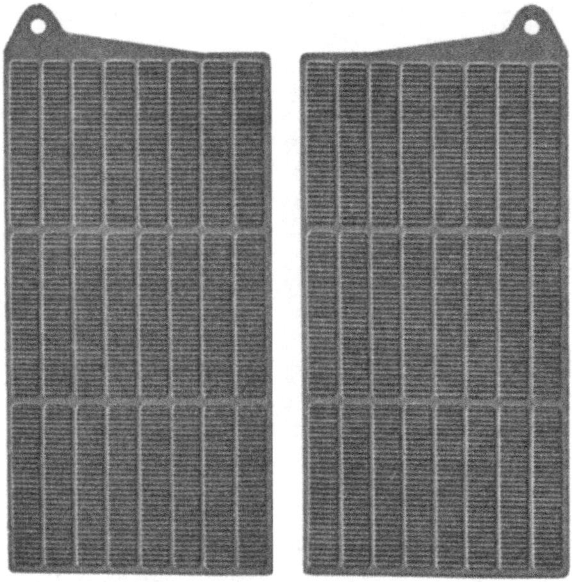

Fig. 9. Maßstab 1:3,4. Positive und negative Platte mit eingepreßten Taschen aus einer Edisonzelle Type H.

bauenden Zelle in mehr oder weniger großer Anzahl auf vernickelte, an den Enden mit Muttern versehene Eisenbolzen aufgereiht, wobei eingefügte vernickelte eiserne Scheiben den richtigen Abstand der Platten voneinander sichern. Mit dem vorgenannten Verbindungsbolzen der Platte ist ein nach oben aus der Zelle hervorragender runder Eisenstab, der Polbolzen, durch Verschraubung fest verbunden. Der letztere läuft an seinem äußeren Ende konisch zu und trägt eine Mutter, die zum Festpressen des konisch ausgebohrten Polschuhes dient; dieser nimmt dann eine Verbindung zur nächsten Zelle oder bei Endzellen die stromzuführende und stromabnehmende Leitung auf. Die Vereinigung der Plattensätze verschiedener Polarität — wegen ihres Füllmaterials kurz „Nickelplatten" und „Eisenplatten" genannt — findet in der Weise statt, daß in eine Zelle doppelt so viel Nickelplatten wie Eisenplatten eingesetzt werden (Fig. 10). Es geschieht das vornehmlich, um die Quantität der in jeder Tasche enthaltenen Nickelmasse, die Dicke der Taschen auf ein bestimmtes Maß zu beschränken. Die für Betrieb von Elektromobilen meistens verwendete Zelle Type H 27 enthält z. B. 18 Nickel- und 9 Eisenplatten, die derart eingebaut sind, daß an den Enden je eine Nickelplatte steht, während daran anschließend auf jede Eisenplatte je zwei Nickelplatten folgen.

Fig. 10. Kompletter Plattensatz aus einer Edisonzelle Type H 27.

Äußerst solide und zuverlässig sind Isolierung und gleichbleibender Abstand der Platten gesichert. Die mit Hilfe genau und präzis arbeitender Werkzeuge und Maschinen durchgeführte Fabrikation der Platten läßt zwischen den einzelnen Taschen einer Platte gleichmäßige Abstände frei, die bei Gegenüberstellen von zwei Platten rechteckige Hohlräume schaffen. Diese nehmen quadratische Hartgummistäbe auf, deren Stärke nur um wenige hundertstel Millimeter von den vorgeschriebenen Maßen abweichen dürfen. Die Hartgummistäbe können nicht anders wie in richtiger Lage, das heißt spießkantig zwischen die Platten eingeschoben werden (Fig. 11), sind in den zwischen den Taschen vorhandenen, die ganze Höhe der Platten durchlaufenden Kanälen unverrückbar festgehalten und machen Berührung der Nickelplatten mit den Eisenplatten zur Unmöglichkeit (Fig. 12). Zwischen den Taschen verschiedener Polarität verbleibt ein Abstand von etwa einem Millimeter. Die auf eine Eisenplatte folgenden zwei Nickelplatten, bei denen gegenseitige Isolierung sich erübrigt, nehmen zwischen den einzelnen Taschen keine Stabisolatoren auf, sind aber an den Seiten ebenso wie die Eisenplatten durch besondere Randisolatoren aus Hartgummi in ihrer Lage gesichert. Die Randisolatoren legen sich bei Einfügen der Platte in die aus vernickeltem Eisenblech bestehende Kanne der Zelle fest gegen die Wände der letzteren und verhindern jegliche Bewegung der Platten. Die Isolierung gegen den Boden der Kanne besteht aus Hartgummiprismen, deren Höhe und Basis so bemessen sind, daß die nötige mechanische Festigkeit außer Frage steht (Fig. 13). Dünne Hartgummiisolatoren, zwischen Endplatte und Kanne eingeschoben, vollenden die vollständige Isolierung der Elektroden an den Seiten. Den Abschluß der Zelle nach oben bildet der Deckel, durch den die Polbolzen, durch Hartgummistopfbüchsen mit Weich-

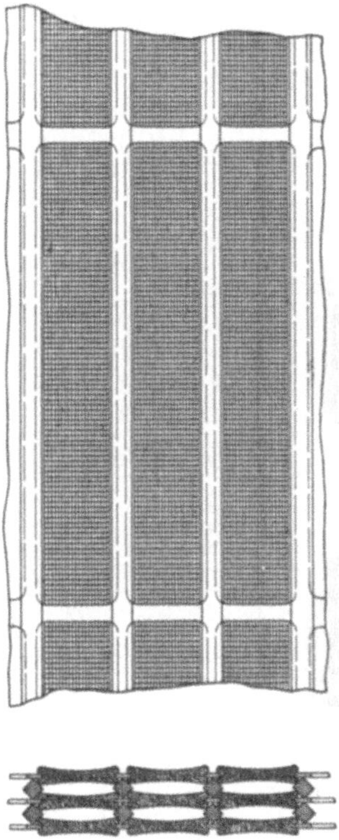

Fig. 11. Maßstab 1 : 0,75. Ansicht und Querschnitt von einem Teil des Plattensatzes einer Edisonzelle mit den zur Isolierung der Platten dienenden quadratischen Hartgummistäben.

gummieinlage isoliert und abgedichtet, nach oben durchgeführt sind. Neben einer Füllöffnung (Fig. 14), die zum Einfüllen

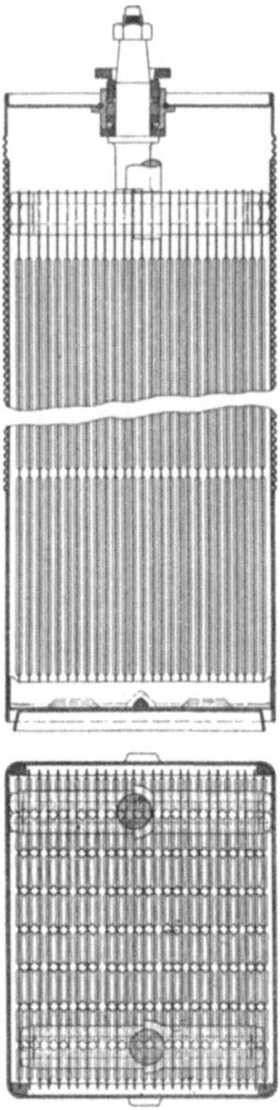

Fig. 12. Maßstab ca. 1 : 3. Längsschnitt und Querschnitt einer Edisonzelle Type H 27.

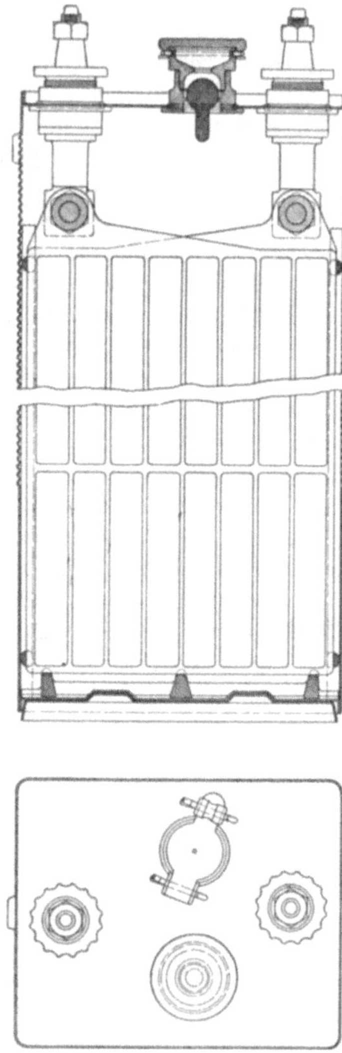

Fig. 13. Maßstab ca. 1 : 3. Längsschnitt einer Zelle Type H 27 und Ansicht des Deckels von oben.

und Ergänzen des Elektrolyten dient, trägt der Deckel ein Ventil. Dieses dient dazu, die beim Arbeiten der Zelle sich ent-

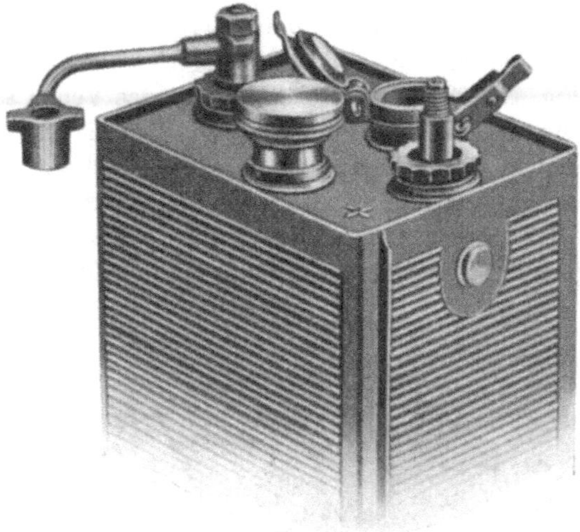

Fig. 14. Oberer Teil einer Edisonzelle Type H. Der Deckel der Füllöffnung ist aufgeklappt.

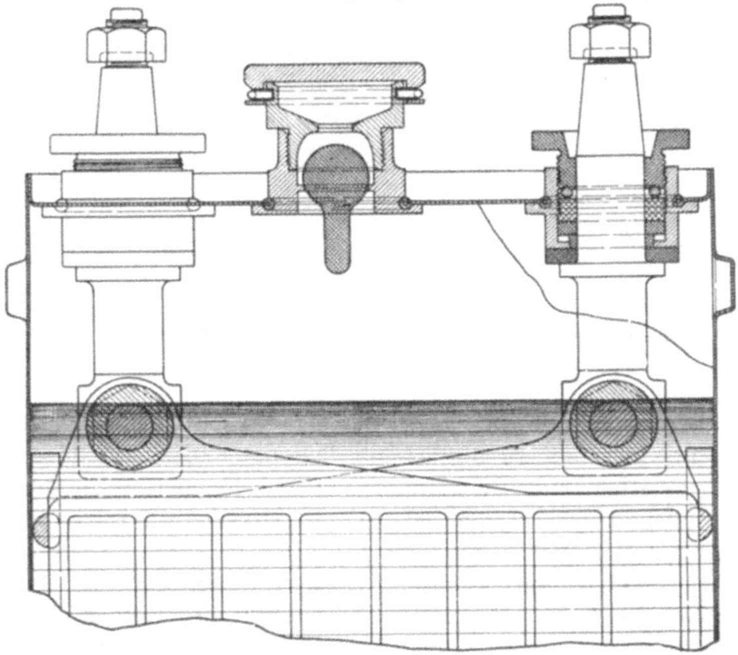

Fig. 15. Maßstab ca. 1 : 1,4. Längsschnitt durch Ventil und Polbolzen einer Zelle Type H 27.

wickelnden Gase — Sauerstoff und Wasserstoff — entweichen zu lassen, außerdem soll es die Gase von mitgerissenen Teilchen an Kali reinigen (Fig. 15). Zu dem Zweck enthält das Ventil als unteren Abschluß einen aus Hartgummi oder Glas gefertigten Kegel, nach dessen Anheben die Gase in den Unterteil des Ventils eintreten. Hier findet eine erste Scheidung zwischen Elektrolyt und Gasen statt, die darauf durch eine enge Öffnung des zweiten, oberen Ventilteiles aufsteigen und sich in letzterem in noch etwas feuchtem

Fig. 16. Oberer Teil einer Edisonzelle Type H. Ventildeckel und Ventiloberteil sind abgenommen.

Zustande ansammeln. Nach Anheben des als Abschluß auf dem Ventil lose, mit etwas Spielraum befestigten Deckels entweichen die Gase ins Freie. Die bis unter den Deckel mitgerissenen Flüssigkeitsteile tropfen in die Zelle zurück. Das Ventil arbeitet selbsttätig und bedarf keiner Wartung. Der Ventildeckel kann entfernt werden nach Herausbiegen einer in zwei seitlichen Durchbohrungen festgehaltenen Stahlfeder, die in eine Nute des oberen Ventilkörpers eingreift. Wird auch dieser durch Abschrauben entfernt, so liegt der Kegel frei (Fig. 16).

Der Elektrolyt soll durch Nachfüllen von destilliertem Wasser von Zeit zu Zeit ergänzt werden, so daß die Platten etwa 12 mm von Flüssigkeit überdeckt sind. Um das Einfüllen des Wassers schnell und auf richtige Höhe vornehmen zu können, konstruierte Edison einen Füllapparat, der automatisch einen elektrischen Wecker betätigt, sobald der vorgeschriebene Stand der Kali-

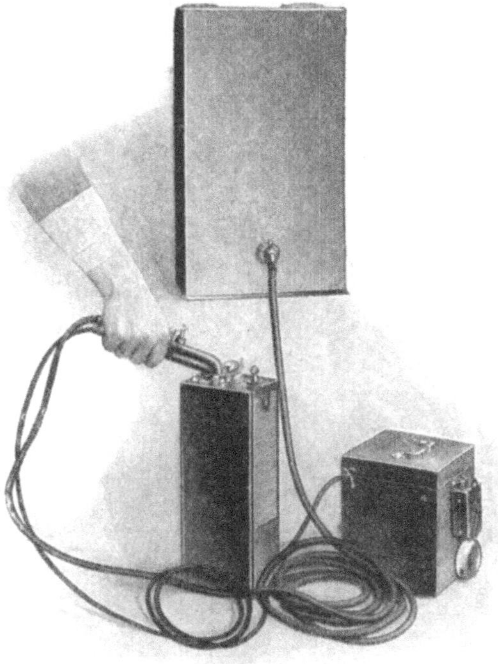

Fig. 17. Kompletter Füllapparat für Nachfüllen destillierten Wassers.

lauge erreicht ist (Fig. 17). Der Apparat besteht aus einem Reservoir für destilliertes Wasser, einem mit vier Trockenelementen zusammengebauten Wecker und dem eigentlichen aus Hartgummi hergestellten Füller, der durch Gummischlauch mit dem Wasserreservoir, durch Drahtleitung mit Wecker und Trockenelementen in Verbindung steht. Wird nach Einsetzen des Füllers in die Füllöffnung der Zelle ein an ersterem befindlicher Hebel niedergedrückt, so ist der Gummischlauch geöffnet, das Wasser fließt der Zelle aus dem Reservoir zu (Fig. 18). Der Füller enthält als Fortsetzung des Gummischlauches ein Eisenrohr, trägt ferner an seinem äußeren Umfang ein eisernes Kontaktstück, das sich beim Einführen des Füllers in die Füllöffnung auf den Deckel der Zelle stützt. Kontaktstück und inneres Eisenrohr stehen durch Drahtleitung mit Trockenbatterie und Wecker in Verbindung. Erreicht der Elektrolyt bei Zufließen des Wassers die richtige Höhe, so taucht auch das äußere Ende des Füllers mit

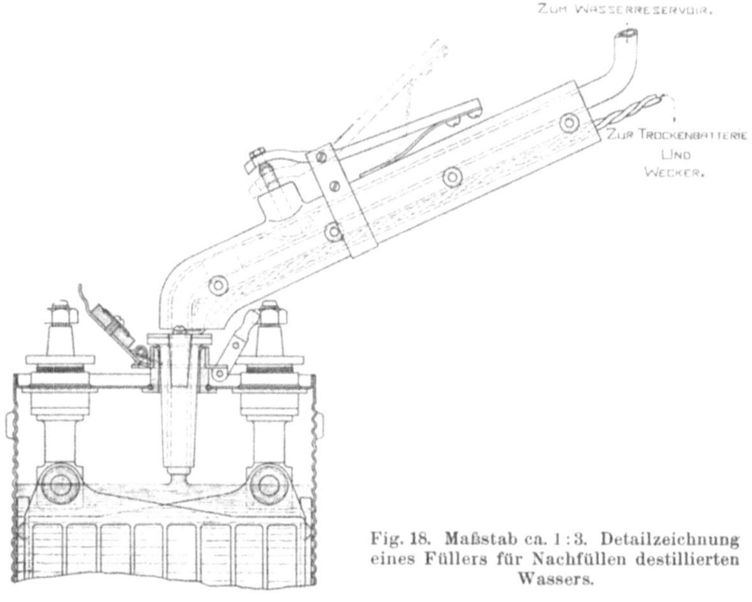

Fig. 18. Maßstab ca. 1 : 3. Detailzeichnung eines Füllers für Nachfüllen destillierten Wassers.

dem Eisenrohr in die Kalilauge ein und es wird dadurch vom Rohr durch die Flüssigkeit über die Kanne der Zelle zu dem äußeren Kontaktstück des Füllers eine leitende Verbindung hergestellt, die den Stromkreis des Weckers mit Trockenbatterie schließt und den Wecker zum Ertönen bringt. Mit diesem Apparat vollzieht sich das Nachfüllen einer Batterie von zum Beispiel 70 Zellen der Type H 27 für ein Elektromobil in wenigen Minuten, wobei jedes Vergeuden und Überfließen von destilliertem Wasser vermieden wird.

Zum Lösen der durch eine Mutter fest auf den konischen Polbolzen gepreßten Polschuhe (Fig. 19), welche die leitende Verbindung von Zelle zu Zelle aufnehmen, dient ein Polschuhheber (Fig. 20).

Deckel und Boden der Edisonzelle sind durch ein Schweißverfahren dicht und haltbar mit den Seitenwänden der Zelle ver-

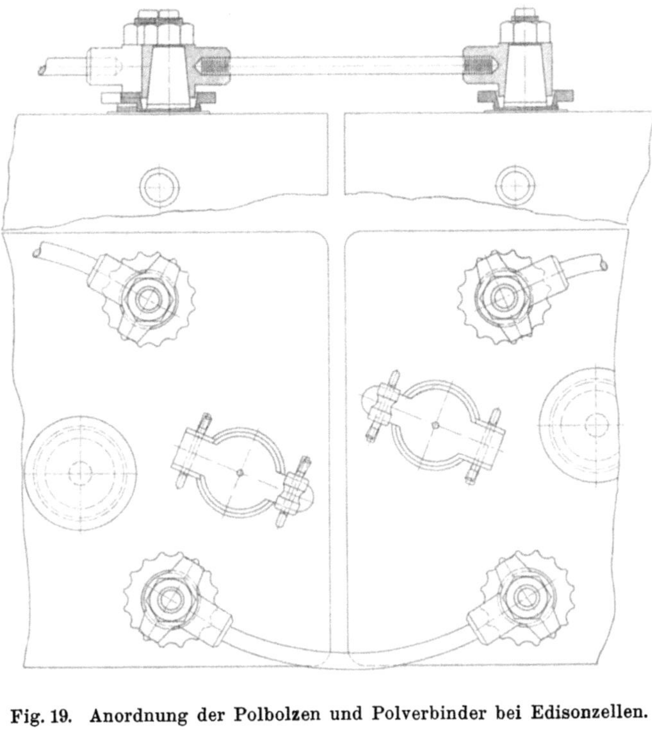

Fig. 19. Anordnung der Polbolzen und Polverbinder bei Edisonzellen.

bunden. In die Wände der Kanne eingewalzte, wellenförmige Vertiefungen erhöhen die mechanische Widerstandskraft wesentlich. Die Zelle stellt nach Fertigstellung ein allseitig geschlossenes Gefäß dar mit eisernem Plattensatz, in das Fremdkörper nicht anders wie unter Willkür und Gewalt eindringen können, das vor allen Dingen den schwersten bei transportablem Betrieb auftretenden Erschütterungen standhält, mechanisch unverwüstlich erscheint (Fig. 21, 22, 23).

Bei Hintereinanderschaltung von Edisonzellen müssen die äußeren Kannen voneinander getrennt, isoliert bleiben. Um dies zu erreichen, sind die Zellen mit reichlichem Zwischenraum in Holzträger eingebaut, von denen sie durch untergelegte und an zwei Seiten angebrachte Hartgummistücke isoliert werden (Fig. 24). Die Holzträger sind mit eisernen Handgriffen versehen, um be-

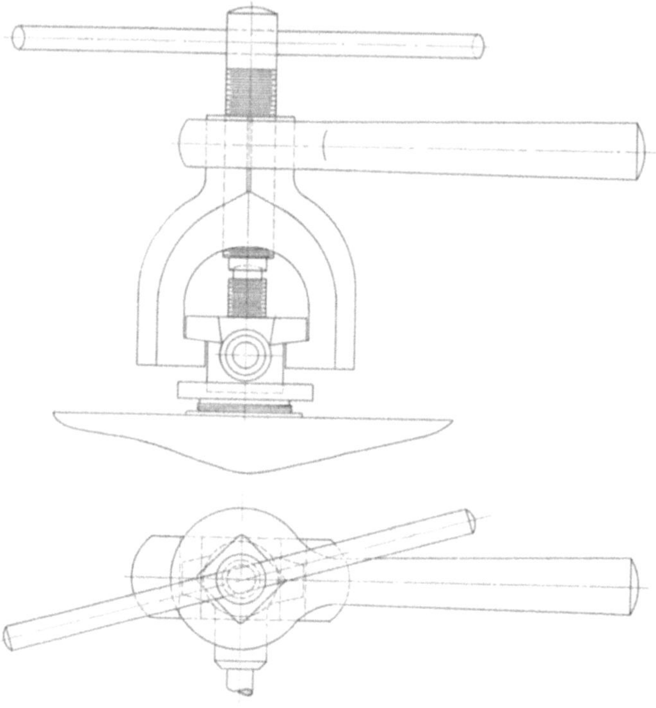

Fig. 20. Polschuhheber.

quemen Transport zu ermöglichen. Die Bodenunterlagen greifen mit konischen Erhöhungen in gleich gestaltete Vertiefungen des Zellenbodens ein und ruhen auf entsprechend geformten Holzunterlagen. Durch die Boden- und Seitenisolatoren ist für dauernd gute Isolation zwischen den einzelnen Zellen, zwischen diesen und dem die gesamte Batterie aufnehmenden Fahrzeug usw. gesorgt. Die nahe dem oberen Zellenrand an zwei gegenüberliegenden Seiten befindlichen knopfartigen Isolatoren sind auf herausgepreßten Vorsprüngen der Zellenkanne gelagert und andererseits in den Seitenleisten der Holzträger festgehalten. Die Trägerkonstruktion gewährleistet Verbleiben der Zellen in ihrer richtigen Lage auch bei den heftigsten Stößen der Fahrzeuge mit absoluter Sicherheit. Entsprechend den Platzverhältnissen werden die Zellen zu zweien und mehr in einem Träger vereinigt (Fig. 25). Die Anzahl der auf diese Weise zusammengebauten

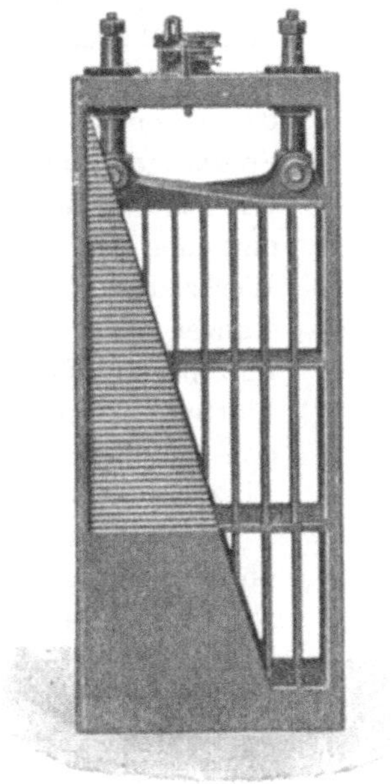

Fig. 21. Edisonzelle Type H 27 mit aufgeschnittenen Seitenwänden. Der Plattensatz ist für Schauzwecke ohne Taschen eingebaut.

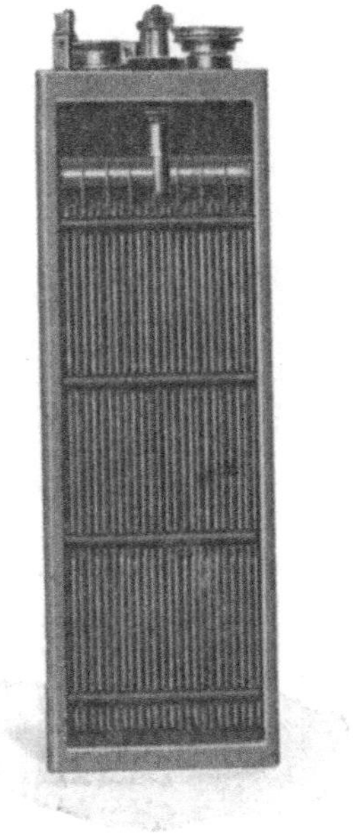

Fig. 22. Edisonzelle Type H 27 mit aufgeschnittener Seitenwand. Der Plattensatz ist mit Taschen versehen und komplett eingebaut.

Zellen ist begrenzt hauptsächlich durch das noch bequem von zwei Leuten zu tragende Gewicht. Ein Träger mit 9 Zellen der Type H 27, mit Kalilauge gefüllt, wiegt zum Beispiel rund 80 kg.

Um die rationelle und sachgemäße Fabrikation seiner Batterie zu sichern, begnügte Edison sich nicht damit, die Konstruktion der Zelle bis in jeden, auch den kleinsten Teil durchzuführen, sondern sorgte gleichzeitig auch für die zweckentsprechende Form und Anfertigung der erforderlichen Werkzeuge. So wurden für das Preßverfahren der Taschen und Platten aus einzelnen, gehärteten Stahlstempeln bestehende Preßwerkzeuge geschaffen, die bei Anwendung auch ganz beträchtlicher Kräfte durch elastische Lagerung der Stempel gleichmäßige Druckverteilung bewirken. Für das Vernickeln der perforierten Eisenbänder, aus denen die Taschen gefertigt werden, konstruierte Edison elektrolytische Bäder mit selbsttätig arbeitendem Mechanismus. Für das Schweißen der Kannen wurden Spezialmaschinen gebaut, ferner die erforderlichen zahlreichen Werkzeuge für Ausstanzen, Biegen und Falzen der Kannen, Platten, Deckel, Böden und sonstigen Einzelteile festgelegt.

Fig. 23. Komplette Edisonzelle Type H 27.

Auf solche Weise unter immensem Aufwand an Arbeit und Kosten fertiggestellt, verließ der neue Akkumulator Edisons Laboratorium und Werkstatt in auch mechanisch mustergültiger Gestalt.

Die aus der ersten Normalzelle, deren Platten in drei übereinanderliegenden Reihen 24 Taschen enthalten, entwickelten kleineren Zellen lehnen sich in ihren charakteristischen Teilen streng an erstere an. Jede, auch die kleinste Zelle, ist aufgebaut aus einer Anzahl der vorbeschriebenen Taschen, die zu 5, 8 und 16 Stück in einer Platte vereinigt sind (Fig. 26 und 27). Auch die Holzträger sind bis auf unwesentliche Abänderungen bei den kleinen Zellen beibehalten in gleicher

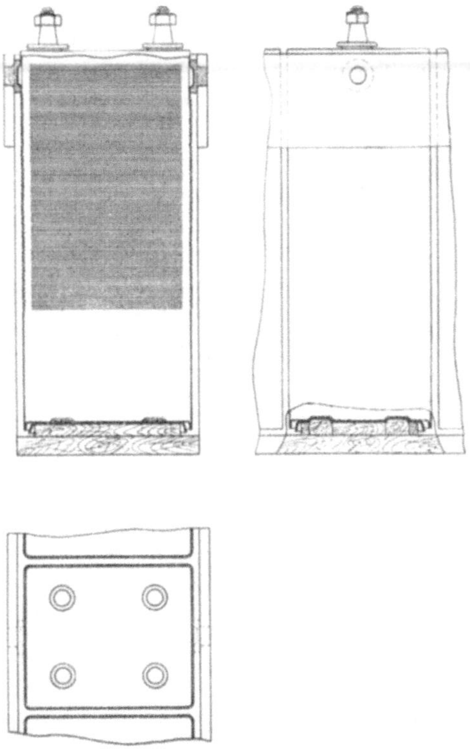

Fig. 24. Maßstab 1 : 6 Einbau der Edisonzelle Type H 27 in Holzträger.

Fig. 25 8 Zellen Type H 27, eingebaut in Holzträger

Form wie für die Normalzelle entworfen (Fig. 28). Eine Abweichung hiervon fand lediglich statt bei den zurzeit gebauten beiden kleinsten Typen Kf, die ihrer geringen Abmessungen

Fig. 26. Maßstab ca. 1 : 5. Platten mit eingepreßten Taschen aus Edisonzellen Type O, P. Kf.

Fig. 27. Zelle Type P 27.

wegen für Deckel und Boden gleichartige Hartgummiisolatoren erhielten, welche haubenartig die vorstehenden Schweißnähte der Zellen oben und unten umschließen (Fig. 29).

Des geringen Durchmessers wegen sind die Polbolzen der Type Kf nicht konisch geformt, sondern zur Erzielung breiter Kontaktflächen mit flachen Muttern versehen. Ebenso dient bei

Fig. 28. Träger für 6 Zellen der Type P 27, komplett mit eingesetzten Zellen und aufgeschraubten Polverbindern.

den kleinen Zellen die Füllöffnung gleichzeitig dazu, das Ventil aufzunehmen (Fig. 30).

Die der Edisonzelle eigene kräftige Bauart fällt besonders in die Augen, sobald man einen Vergleich zwischen dieser und

Fig. 29. Edisonbatterie, bestehend aus 3 Zellen Type Kf 12/5. Die mit Hartgummihauben isolierten Zellen werden in den nebenstehenden Holzkasten eingebaut.

der Bleizelle zieht. Beim Edisonakkumulator außen wie innen bis auf Bruchteile eines Millimeters genau abgegrenzte, dabei trotz ausschließlicher Verwendung von Eisen gefällige, elegante

Formen, geschaffen in erstaunlich kurzer Zeit auf Grund meisterhafter Beherrschung moderner Fabrikationstechnik. Dagegen beim Bleiakkumulator, dessen Fabrikation vor annähernd 30 Jahren aufgenommen wurde, auch heute noch in mehr oder weniger rohem Gießverfahren hergestellte Bleiplatten, bestrichen mit lose haftender Paste, eingesetzt in zerbrechliche Hartgummi- und feuergefährliche Zelluloidgefäße oder in schwere, mit Bleiblech ausgeschlagene Holzkästen, bei stationären Anlagen gar eingebaut in Glasbehälter. Es liegt auf der Hand, daß von einer eigentlichen mechanischen Konstruktion bei Bleizellen nicht viel die Rede sein kann, da eben das weiche, nachgiebige Material allzuwenig widerstandsfähig ist, um anders als in plumper, gegossener Form verwendet zu werden, ohne daß es dabei möglich wäre, selbst bei hohem Gewicht und großer Raumbeanspruchung zu Festigkeitszahlen zu kommen, die auch nur annähernd einen Vergleich gestatten würden mit den vorzüglichen Eigenschaften eines Eisenbleches, wie es in hochwertiger Ziehqualität bei der Edisonzelle zur Anwendung kommt.

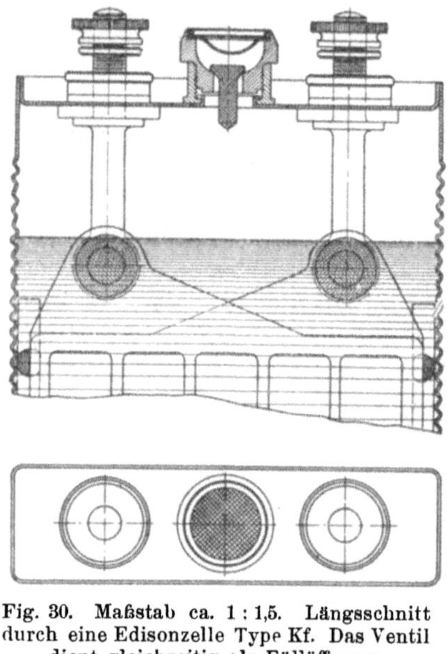

Fig. 30. Maßstab ca. 1 : 1,5. Längsschnitt durch eine Edisonzelle Type Kf. Das Ventil dient gleichzeitig als Füllöffnung.

Die verschiedenen Typen, Größen und Leistungen der Edisonzelle.

Aus seinen Normalplatten, welche in 24 Taschen das aktive Material enthalten, stellte Edison drei Zellen verschiedener Größe mit 30, 45 und 75 Amp. normaler Entladestromstärke bei $3^3/_4$ stündiger Entladung, entsprechend 115, 175 und 280 Amp.-Std. Kapazität zusammen. Diese in Deutschland angefertigten

Zellen der Type H enthalten 18, 27 und 45 Platten und werden nach der Plattenanzahl mit H 18, H 27 und H 45 bezeichnet. Die Leistungen der Type H sind auf Grund der durchschnittlichen Anforderungen des Elektromobil- und Bootsbetriebes gewählt.

Von den kleineren Zellen ist zunächst Type O 18 mit 76 Amp.-Std. zu nennen, deren 18 Platten je 16 Taschen in zwei übereinander liegenden Reihen enthalten.

Von der dann folgenden Type P sind drei Größen, mit der Bezeichnung P 27, P 18 und P 9, vorhanden, die für jede ihrer

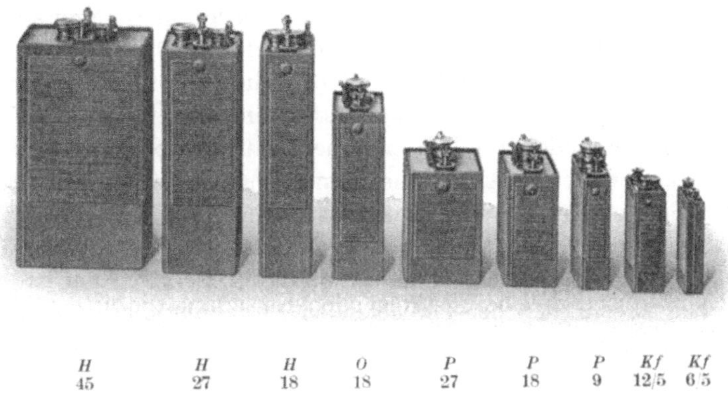

Fig. 31. Einzelne Edisonzellen verschiedener Kapazität.

27, 18 bzw. 9 Platten 8 Taschen aufweisen und 58, 38 bzw. 19 Amp.-Std. Kapazität hergeben.

Die beiden zurzeit gebauten kleinsten Zellen, Type Kf 12/5 und Kf 6/5 mit 16 und 8 Amp.-Std. Leistung sind aus 12 bzw. 6 Platten zusammengesetzt, die jede in 5 Taschen die aktive Masse tragen.

Die Typen O, P, Kf, auch Edison-Kleinakkumulatoren genannt, dienen den verschiedensten Zwecken, werden u. a. für Beleuchtungsanlagen, als Zünderzellen, zum Antrieb kleiner Elektromotore, zum Speisen von Röntgenapparaten, für Sicherheitslampen usw. verwendet.

Alle vorgenannten Zellen stimmen insofern überein, als die in den Preislisten angeführten Kapazitäten erreicht werden bei einem Nutzeffekt von ca. 52% in Wattstunden und ca. 72% in Amp.-Std. unter der Voraussetzung, daß die Stromstärke bei Ladung und Entladung einer $3^3/_4$stündigen Lade- bzw. Entladezeit entspricht. In Figur 32 sind Verlauf der Lade- und Entladekurve bei einer derartigen Beanspruchung der Edisonzelle dargestellt.

Danach steigt die Spannung der Zelle von etwa 1,36—1,4 Volt — der freien Spannung, die man ermittelt bei unbelasteter Zelle — unmittelbar nach Einschalten auf Ladung auf etwa 1,6 Volt, erreicht nach ca. 10 Minuten 1,75 Volt, um dann allmählich abzufallen innerhalb der ersten Hälfte der Ladezeit auf ca. 1,67 Volt. Nach 2 Stunden beginnt die Spannung wieder langsam zu steigen und erreicht nach etwa $3^1/_4$stündiger Ladezeit das Maximum von 1,8 Volt. Nach weiteren 30 Minuten ist die Ladung, die insgesamt $3^3/_4$ Stunden in Anspruch nimmt, als beendet zu betrachten. Der Verlauf der Ladekurve läßt erkennen, daß man bei Einhalten der normalen Ladestromstärke die Beendigung der Ladung auf Grund der Spannungserhöhung genau feststellen kann. Es ist in der Tat nur nötig, die Ladung noch 30—45 Minuten fortzusetzen, nachdem die Spannung auf 1,8 Volt pro Zelle gestiegen ist, um sicher zu sein, daß bei der folgenden Entladung die listenmäßige Kapazität erreicht wird. Im allgemeinen empfiehlt es sich jedoch der Einfachheit wegen, bei Aufrechterhalten der vorgeschriebenen Stromstärke sich nur nach der Ladezeit zu richten. Ist die Edisonzelle durch die voraufgehende Entladung bis zur normalen Grenze — 1,1—1,15 Volt — erschöpft, so genügt bei normaler Ladestromstärke eine Aufladung während $3^3/_4$ Stunden, um die Zelle zu befähigen, für $3^3/_4$ Stunden die normale Entladestromstärke herzugeben, bevor die Spannung wieder unterhalb 1,1—1,15 Volt sinkt. Vor Beginn der Ladung überzeugt man sich von dem Stand des Elektrolyten und füllt die Zelle — wenn nötig — mit reinem, destilliertem Wasser bis zur vorgeschriebenen Höhe — 12 mm über Plattenoberkante — auf (Füllapparat Fig. 17 und 18). Eine Ergänzung des Elektrolyten durch destilliertes Wasser ist etwa nach jeder zweiten oder dritten Ladung vorzunehmen. Der Verbrauch an Wasser richtet sich lediglich nach Art und Anzahl der Aufladungen. Bei einer Zelle Type H 27 kann man mit einem Wasserverbrauch für eine Aufladung von etwa 0,035 Liter rechnen. Für eine Batterie von 64 Zellen Type H 27, die zum Betrieb eines

Personen-Elektromobils für Beförderung von 6 Personen einschließlich Führer ausreicht, sind für eine volle Aufladung also ca. $64 \cdot 0{,}035 = 2{,}24$ Liter destilliertes Wasser erforderlich oder 672 rund 700 Liter pro Jahr bei 300 Aufladungen. Unter gleichen Voraussetzungen für die Ladung — Anwendung normaler Ladestromstärke während $3^3/_4$ Stunden — ist der Verbrauch an Wasser bei allen Zellentypen prozentual der gleiche und leicht zu ermitteln, wenn man den Wasserbedarf der Type H 27 umrechnet auf eine Amp.-Std. Eine Ladung der Zelle H 27 erfordert bei 65 Amp. in $3^3/_4$ Stunden rund 244 Amp.-Std., während bei der nachfolgenden Entladung 175 Amp.-Std. geleistet werden. Demnach stellt sich der Wasserverbrauch der Edisonzelle für eine bei Ladung aufgewendete Amp.-Std. auf ca. 0,00015 Liter, für eine bei Entladung erhaltene Amp.-Std. auf ca. 0,0002 Liter.

Wenngleich theoretisch nur Wasser verbraucht wird, so findet doch im praktischen Betrieb nach und nach ein Verlust auch an Kaliumhydroxyd statt, da die aus dem Ventil der Zelle entweichenden Gase nicht absolut rein sind, sondern Spuren von KOH mitreißen. Infolgedessen sinkt durch fortgesetztes Nachfüllen destillierten Wassers die Dichtigkeit des Elektrolyten, die anfangs ca. 21% beträgt. Erst nach Abnahme der Dichtigkeit bis unter ca. 16% nimmt der Widerstand der Flüssigkeit so weit zu, daß sich eine Beeinträchtigung der Kapazität der Zelle bemerkbar macht. Wechselt man den Elektrolyten gegen neue Kalilauge von 21% aus, so ist auch die durch den gesunkenen Gehalt an Kaliumhydroxyd hervorgerufene Schwächung der Kapazität beseitigt. Ein Erneuern der Lauge wird zweckmäßig vorgenommen nach etwa 300 Entladungen oder bei täglich einmaliger Ladung einmal im Jahre.

Die aus dem Ventil der Edisonzelle austretenden Teilchen an Kaliumhydroxyd scheiden sich unmittelbar in freier Luft von den Gasen und bilden im Laufe der Zeit einen weißlichen, krystallinischen Niederschlag auf dem Deckel der Zelle, der durch gelegentliches Reinigen mit einem Tuch oder Pinsel entfernt wird. Weder ist ein Verschlechtern der Kontakte oder ein Angreifen der Kanne der Zelle durch den Niederschlag möglich, noch auch beeinträchtigt letzterer in der Nähe der Batterie befindliche Gegenstände, da er infolge seiner Schwere über den Bereich des Deckels nicht hinauskommt. Es ist daher durchaus zulässig, eine Edisonbatterie während der Aufladung in einem Fahrzeug zu belassen, solange der Fahrdienst für die Dauer der Aufladung unterbrochen werden kann und nicht Reservebatterien zum Auswechseln vorhanden sind, die außerhalb des Fahrzeuges geladen werden. Jahrelang durchgeführte Betriebe von Luxus-Elektromobilen, bei denen eine Auswechselvorrichtung für die Batterie nicht vorgesehen war, haben erwiesen, daß die empfindlichsten Tuchstoffe, nach Entfernen der Sitzpolster unmittelbar den während der Ladung abziehenden Gasen ausgesetzt, keinerlei schädliche Beeinflussung erfahren. Da außerdem die Kalilauge im vollsten Sinne des Wortes geruchlos ist, so bestehen keine Bedenken gegen das Aufladen der Edisonzelle innerhalb eines Fahrzeuges. In jedem Fall sollte eine Batterie jedoch derart eingebaut werden, daß ein Nachfüllen von Wasser, eine Revision der Verbindungen von Zelle zu Zelle mühelos vorgenommen werden kann. Zu beachten ist ferner, daß keine Nachfüllflüssigkeit zwischen die Zellen gelangen soll, weil bei schließlich eintretendem Durchnässen der Holzträger die erforderliche Isolierung der Zellen untereinander oder gegen das Gestell des Fahrzeuges — oder bei stationärer Aufstellung gegen Erde — geschwächt werden könnte.

Die hier eingehend beschriebenen Vorgänge bei Aufladung einer Edisonbatterie stellen bezüglich Wartung außerordentlich geringe Anforderungen. Die erforderlichen Handhabungen beschränken sich neben Nachfüllen destillierten Wassers, Einschalten und Einstellen des Ladestromes auf Sauberhalten der Zelle von etwa angesammeltem Staub und Niederschlag, wobei gleichzeitig die Schraubverbindungen der Polbolzen revidiert werden. Diese Arbeiten zur Instandhaltung der Edisonbatterie können während eines Bruchteiles der zur Aufladung verwendeten Zeit erledigt werden, da jedes ängstliche, fortgesetzte Revidieren der Dichtigkeit des Elektrolyten oder der Spannung einzelner Zellen sich erübrigt. Findet — gewollt oder ungewollt — eine Überladung der Edisonzelle statt, so ist irgendeine Schädigung hiervon nicht zu befürchten, doch wird, da gegen Beendigung der normalen Ladung, nach Erreichen der Spannung von 1,8 Volt pro Zelle, die Gasentwicklung lebhafter wird, bei weiter fortgesetzter Ladung neben unnötigem Aufwand an Strom auch mehr Wasser verbraucht wie für den normalen Betrieb, während die aus einer Überladung resultierende größere Kapazität verhältnismäßig gering ist.

Die Kurve bei Entladung verläuft bei Anwendung der für Dauerbelastung in den Preislisten angegebenen Stromstärke wie in Figur 32 dargestellt. Nach Abschalten des Ladestromes ist zunächst eine freie Spannung der unbelasteten Zelle von ca. 1,45 Volt vorhanden, die auf ca. 1,37 Volt abfällt unmittelbar nach Einsetzen des Entladestromes. Nach weiteren ca. 15 Minuten sinkt die Spannung auf ca. 1,23 Volt, um von hier aus während einer gesamten Entladezeit von $3^3/_4$ Stunden auf ca. 1,15 Volt ab-

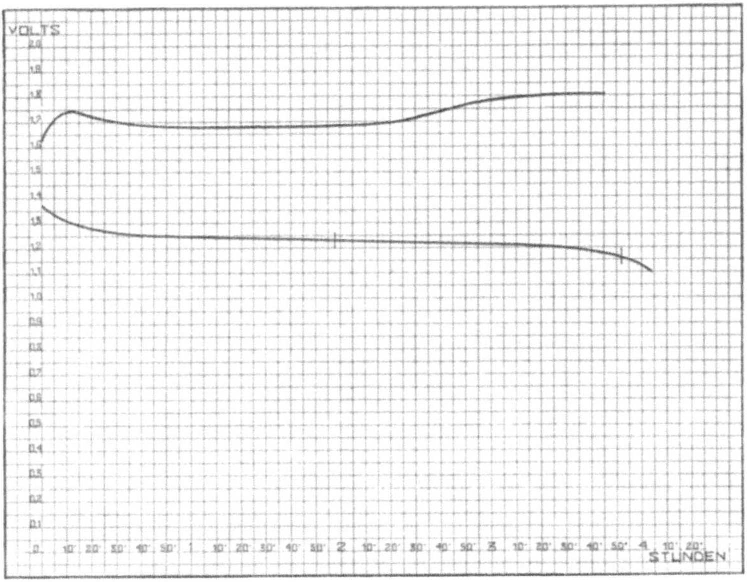

Fig. 32. Normale Lade- und Entladekurve einer Edisonzelle.

zufallen. Abgesehen von der ersten kurzen Entladezeit von ca. 15 Minuten ist demnach eine Differenz der Entladespannung von etwa 10% vorhanden zwischen Beginn und Ende der Entladung. Eine Eigentümlichkeit der Edisonzelle, eine ihrer besonderen Vorzüge besteht darin, daß es nicht erforderlich ist, in Rücksicht auf gleichbleibende Leistungsfähigkeit und Lebensdauer eine untere Entladegrenze einzuhalten. Wenn für den regulären Betrieb in den jeder Batterie beigegebenen Bedienungsvorschriften gesagt ist, daß die Entladung —bei Belastung mit der für Dauerbetrieb angegebenen normalen Stromstärke — bei Abfallen der

Spannung auf 1,1—1,15 Volt als beendet zu betrachten ist, so wird diese Vorschrift gegeben in Rücksicht auf die der Entladung folgende Aufladung. Wird die untere Entladegrenze eingehalten, so ist auch die nächste Aufladung bei normaler Ladestromstärke in $3^3/_4$ Stunden beendet. Setzt man dagegen die Entladung aus irgendeinem Grunde weiter fort, etwa bis zu 1 Volt, 0,8 Volt oder darunter, so wird der Zelle in keiner Weise Schaden zugefügt, doch muß dann naturgemäß die Aufladung entsprechend längere Zeit fortgesetzt werden, da der Zelle mehr Energie entnommen wurde, wie einer normalen Ladung in $3^3/_4$ Stunden entspricht. Der weitere Verlauf der Entladekurve ist aus Fig. 33

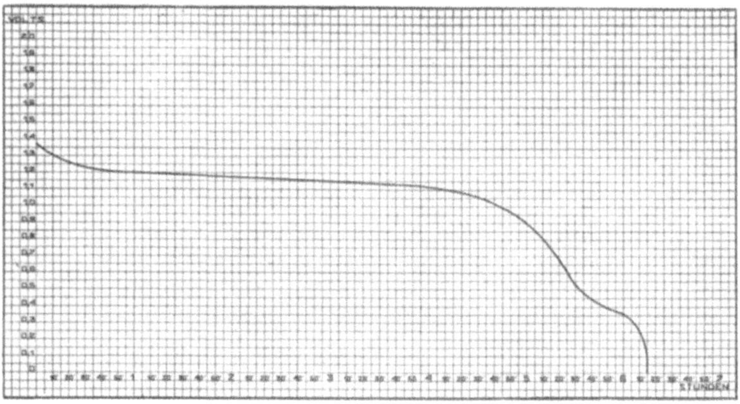

Fig. 33. Entladekurve einer bis zum Nullpunkt entladenen Edisonzelle.

ersichtlich, aus der hervorgeht, daß nach Erreichen der unteren Entladegrenze von ca. 1,1—1,15 Volt bei gleichbleibender Belastung noch ca. 2 Stunden lang die Zelle Strom abgibt, bevor bei Abfallen der Spannung auf den Nullpunkt totale Erschöpfung eintritt.

Bei geregeltem Betriebe wird nicht oft eine Beanspruchung der Batterie bis unterhalb der normalen Grenze vorkommen. Namentlich in stationären Anlagen für Beleuchtungszwecke verbietet sich eine tiefe Entladung, die sich durch Dunkelbrennen der Lampen bemerklich macht, meistens von selbst. Dagegen bleibt es bei transportablen Lichtanlagen für Eisenbahnwagen, Automobile usw., bei den zahlreichen Verwendungsarten von

Akkumulatoren in der Medizin, für Zündbatterien, für Handlampen usw. nicht aus, daß häufig Entladungen erfolgen, die einer totalen Erschöpfung der Batterie nahe oder gleich kommen. Beim Betrieb von Elektromobilen und Booten kommt es gelegentlich vor, daß der Führer die mit einer Batterieladung zu erreichende Wegleistung überschätzt, nicht rechtzeitig zur Ladestation zurückkehrt. Hierbei erweist sich die bei der Edisonbatterie vorhandene reichliche Reserve, die nach Unterschreitung der normalen Entladegrenze noch verfügbare Kapazität als sehr wertvoll, um, wenn auch mit verminderter Schnelligkeit, den Rückweg zu beenden und ein Liegenbleiben auf der Fahrstrecke zu vermeiden. Oft ist die sofortige Wiederaufladung einer gänzlich erschöpften Batterie nicht möglich oder es wird versäumt, die Ladung rechtzeitig vorzunehmen und steht die Batterie tage- und wochenlang im entladenen Zustande. Alle derartigen Inanspruchnahmen abnormaler Natur üben einen schädlichen Einfluß auf die Edisonzelle nicht aus. Aus diesem Grunde ist es auch überflüssig, Edisonbatterien von Zeit zu Zeit aufzuladen, wenn eine Stromentnahme auf Wochen und Monate hinaus nicht stattfindet. Bei Betriebsunterbrechungen von beliebiger Zeitdauer ist nur dafür zu sorgen, daß die Zellen vorher in vorschriftsmäßiger Höhe mit destilliertem Wasser aufgefüllt werden und bleibt dann die Batterie ohne jede Nachladung sich überlassen. Somit findet ein Verbrauch an Ladeenergie zum Zweck, eine nicht in Anspruch genommene Batterie in einwandsfreiem Zustande zu erhalten, beim Edisonakkumulator nicht statt; es ist nur dann aufzuladen, wenn die Batterie zur Stromlieferung herangezogen werden soll.

Die bisherige Erörterung der Vorgänge bei Ladung und Entladung von Edisonzellen ging von der Voraussetzung aus, daß letztere die in den Preislisten angegebene Kapazität leisten sollen, wobei einer kürzesten Entladezeit von $3^3/_4$ Stunden (oder einer beliebig länger ausgedehnten Stromentnahme bei entsprechend geringerer Belastung) eine Ladezeit von $3^3/_4$ Stunden gegenübersteht. Die Edisonzelle ist jedoch an diese Betriebsverhältnisse nicht gebunden. Es kann sowohl die Aufladung je nach den wechselnden Anforderungen des Betriebes verkürzt, die aufzuwendende Ladeenergie beschränkt werden, als auch ist es, wenn nötig oder erwünscht, möglich, der Zelle nicht unbeträchtlich mehr Kapazität bis zur Erreichung der normalen Entladegrenze zu entnehmen unter erhöhtem Verbrauch an Ladeenergie. In Fig. 34 sind einige bei Entladung einer Zelle Type H 27 erhaltene Spannungskurven dargestellt, welche einem verschieden großen Aufwand an Ladeenergie entsprechen. Hierbei sind sowohl für Ladung wie für Entladung die listenmäßigen Höchststromstärken für Dauerbetrieb zugrunde gelegt.

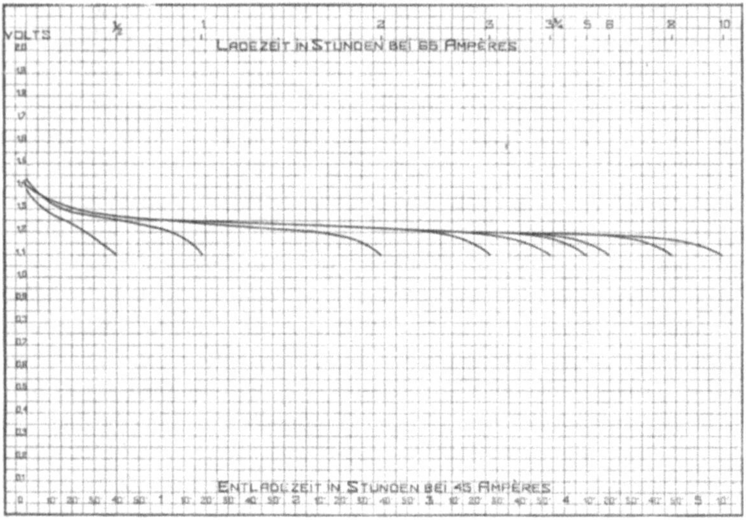

Fig. 34. Entladekurven einer Edisonzelle Type H 27, erhalten bei wechselndem Aufwand an Ladeenergie.

Die Tabelle I zeigt, daß mit abnehmendem Aufwand an Ladestrom und mit verringerter Ausnutzung der Leistungsfähigkeit der Edisonzelle die prozentuale Ausbeute bei Entladung steigt. Nimmt man die Angaben der Pos. 5 als normal an — die Entladungen sind nach Fig. 34 der Abrundung wegen bis 1,1 Volt fortgesetzt; bei Entladung bis 1,15 Volt entspricht das Verhältnis von Lade- zu Entladezeit nach Pos. 5 genau 1 : 1 —, so erkennt man, daß bei länger fortgesetzter Ladung und damit stärkerer Beanspruchung der Zelle der Gewinn an Entladekapazität nur langsam zunimmt und das prozentuale Verhältnis zwischen Lade- und Entladezeit sich merklich verschlechtert. Um die

Tabelle I.

Verhältnis zwischen Lade- und Entladezeit bei einer Edisonzelle Type H 27.

Pos.	Ladezeit bei 65 Ampères. Stunden	Entladezeit bei 45 Ampères. Stunden	Verhältnis der Ladezeit zur Entladezeit
1	0,30	0,40	0,75 : 1
2	1	1,18	0,77 : 1
3	2	2,38	0,77 : 1
4	3	3,25	0,88 : 1
5	3,45	3,53	0,97 : 1
6	5	4,10	1,20 : 1
7	6	4,20	1,38 : 1
8	8	4,48	1,66 : 1
9	10	5,12	1,92 : 1

Entladedauer um eine Stunde 20 Minuten zu verlängern (Pos. 9), muß die Ladezeit um 6 Stunden 15 Minuten gesteigert werden. Dagegen hat eine Abkürzung der Ladedauer auf 2 Stunden (Pos. 3) eine wesentliche Verbesserung der Entladung zur Folge, indem die Entladezeit, bezogen auf die Ladezeit, dabei um ca. 22% mehr beträgt, wie bei der normalen Beanspruchung nach Position 5. Die Bedeutung dieses Verhaltens der Edisonzelle für den praktischen Betrieb wird klarer, sobald man den Verlauf der Spannungskurven nach Fig. 35 in Rücksicht zieht. Die darin dargestellten je 5 Kurven bei Ladung und Entladung einer Zelle Type H 27 sind ermittelt bei verschieden hohen Stromstärken. Es ist ohne weiteres ersichtlich, daß die Lade- und Entladekurven sich einander um so mehr nähern und damit die auftretenden Verluste kleinere sind, je niedriger die Stromstärken gehalten werden. In nachstehender Tabelle II sind die bei einer Anzahl in der Praxis vorkommender Fälle sich ergebenden Leistungen und Nutzeffekte zusammengestellt.

Position 5 der Tabelle II entspricht den in den Preislisten angeführten Zahlen und läßt erkennen, daß bei 72% Nutzeffekt in Amp.-Std. und 52% in Watt-Std. die Zelle Type H 27 für jedes Kilogramm Totalgewicht 24 Watt-Std. hergibt. Unter Totalgewicht ist das Gewicht der vollkommen betriebsfertigen Zelle einschließlich Kalilauge, Holzträgern und Polverbindern zu verstehen. Eine mittlere Ladespannung von 1,73 Volt steht hier einer mittleren Entladespannung von 1,23 Volt gegenüber. In Position 6 ist die Ladung normal, die Entladung jedoch mit doppelter Stromstärke durchgeführt. Dabei bleibt der Ertrag an Amp.-Std. auf gleicher Höhe wie in Position 5, der Nutzeffekt in Wattstunden sinkt von 52 auf 48% infolge der tieferen Entladespannung. Demzufolge geht auch die Leistung pro Kilo Totalgewicht auf 22,5 Watt-Std. herab. Charakteristisch ist das Zahlenmaterial der Position 7. Bei zweifacher normaler Ladestromstärke und normaler Entladestromstärke sinkt der Nutzeffekt gegenüber Position 6 nur von 48 auf 46%, dagegen fällt die Ausbeute in Amp.-Std. von 72 auf 66% ab. Dies erklärt sich daraus, daß bei wachsender Ladestromstärke und damit steigender Ladespannung die Gasentwicklung während der Ladung stärker auftritt, eine Erscheinung, die vermehrtem Stromverlust gleichkommt, der auch durch die höhere Entladespannung nur teil-

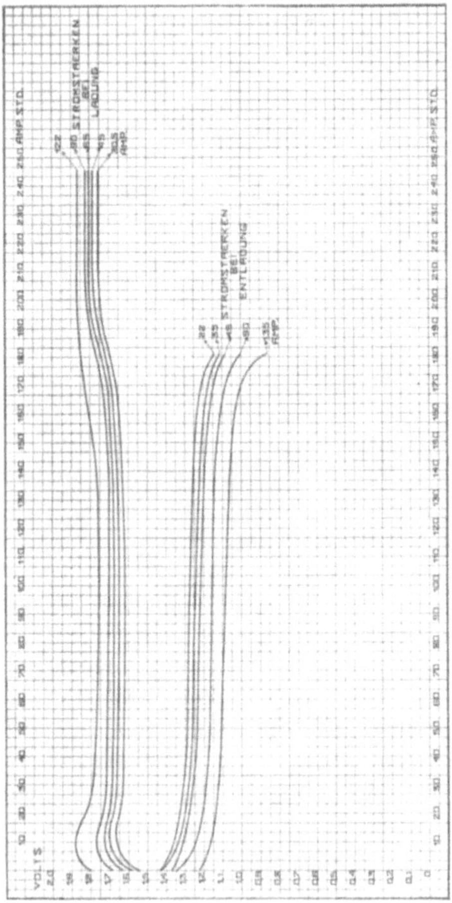

Fig. 35. Spannungskurven bei Ladung und Entladung einer Edisonzelle Type H 27, erhalten bei Anwendung verschiedener Stromstärken.

Tabelle II.

Leistung und Nutzeffekt einer Edisonzelle Type H 27 bei Anwendung verschiedener Stromstärken für Ladung und Entladung sowie bei Einhalten verschiedener Lade- und Entladezeiten.

Pos.	Ladung						Entladung						Leistung pro 1 kg Totalgewicht, inkl. Holzträger, in Wattstunden	Nutzeffekt in	
	Stromstärke		Zeit in Stunden	Spannung im Mittel Volt	Aufgewendet an		Stromstärke		Zeit in Stunden	Spannung im Mittel Volt	Geleistet an			Amperestunden	Wattstunden
	im Verhältnis zur normalen	in Amperes			Amperestunden	Wattstunden	im Verhältnis zur normalen	in Amperes			Amperestunden	Wattstunden		%	%
1	einhalb	32,5	3,45	1,61	122	196,5	einhalb	22	5,15	1,28	115	146,5	16	94	74
2	normal	65	2	1,67	130	217	normal	45	2,40	1,25	119	148	16,5	92	68
3	normal	65	3	1,70	195	332	normal	45	3,27	1,25	155	194	21,5	80	58
4	einhalb	32,5	7,30	1,67	244	406	normal	45	4,05	1,23	184	226	25	76	55
5	normal	65	3,45	1,73	244	422	normal	45	3,53	1,23	175	216	24	72	52
6	normal	65	3,45	1,73	244	422	doppelt	90	1,57	1,15	175	201	22,5	72	48
7	doppelt	130	1,53	1,81	244	440	normal	45	3,35	1,23	161	200	22	66	46
8	normal	65	3,45	1,73	244	422	dreifach	135	1,18	1,10	175	192	21,5	72	46
9	normal	65	8	1,75	520	910	normal	45	4,50	1,23	217	268	30	42	30
10	normal	65	10	1,77	650	1150	normal	45	5,10	1,23	233	287	32	36	25
11	ein Drittel	22	10	1,65	220	363	ca. ein Drittel	17,5	10	1,25	175	218	24	80	60
12	ein Fünftel	13	10	1,64	130	213	ca. ein Viertel	12	10	1,26	120	151	16,5	92	70

weise ausgeglichen werden kann. Position 8 zeigt den Einfluß der Stärke des Ladestromes auf die Amperestunden-Kapazität noch deutlicher, der Nutzeffekt in Watt-Std. ist gleich demjenigen der Position 7, während der Nutzeffekt in Amp.-Std. wieder auf 72% steigt analog Position 5 und 6. Ist in Position 8 die Leistung in Watt-Std. pro Zelle auf 21,5 gefallen, so wird diese Zahl in Position 9 und 10 beträchtlich höher und erreicht 30 bzw. 32 Watt-Std., doch ist dieses Ansteigen erkauft mit starkem Abfallen der Nutzeffekte in Ampere- sowohl wie in Wattstunden.

Eine Verbesserung der Nutzeffekte ergibt sich andererseits, sobald die Edisonzelle, nach Position 4, nicht in $3^3/_4$ Stunden, sondern mit niedrigerer Stromstärke in der doppelten Zeit aufgeladen wird. Die dann resultierende geringere Ladespannung verursacht Reduktion des durch Gasentwicklung entstehenden Verlustes und bringt den Nutzeffekt in Amp.-Std. auf 76%, den in Watt-Std. auf 55% unter Steigerung der Leistung pro 1 kg Totalgewicht auf 25 Watt-Std. Weit besser noch stellen sich die Nutzeffekte, sobald die Ausnutzung der Zellen in bezug auf das Gewicht herabgesetzt wird. Nach Position 3 ist bei normaler Lade- und Entladestromstärke die Ladezeit auf 3 Stunden, die Ladeenergie auf 332 Watt-Std. — gegenüber 422 Watt-Std. in Position 5 — beschränkt. Dadurch sinkt die Leistung pro 1 kg Gewicht auf 21,5 Watt-Std., steigt der Nutzeffekt in Amp.-Std. auf 80%, in Watt-Std. auf 58%. In Position 2 ist die Leistung pro Kilogramm durch weitere Einschränkung der Ladezeit auf 16,5 Watt-Std. ermäßigt, wodurch 92% bzw. 68% Nutzeffekt in Amp.-Std. bzw. Watt-Std. erzielt werden. Verlängert man die Ladezeit nach Position 1 wieder auf $3^3/_4$ Stunden unter Abschwächen des Ladestromes auf die Hälfte, so erhält man eine Ausnutzung von 16 Watt-Std. pro 1 kg Totalgewicht bei einem Nutzeffekt von 74% in Watt-Std., von 94% in Amp.-Std.

Unter Position 11 sind die Zahlen genannt, wie sie sich bei 10stündiger Ladung und Entladung einer Zelle H 27 ergeben, ein Fall, der in der Praxis häufig vorkommt bei transportablen Beleuchtungsanlagen für Eisenbahnwagen usw. Bei voller Ausnutzung der normalen Leistungsfähigkeit von 175 Amp.-Std. arbeitet die Zelle dann mit einem Nutzeffekt von ca. 60% in Watt-Std., von ca. 80% in Amp.-Std.

Beschränkt man bei ebenfalls 10stündiger Ladung und Entladung die Ausnutzung auf etwa $^2/_3$ der normalen Leistungsfähigkeit, so steigt nach Position 12 der Nutzeffekt in Watt-Std. auf ca. 70%, in Amp.-Std. auf ca. 92%.

Für die praktische Verwendung der Edisonzelle ergeben sich hieraus Vorteile von großer Tragweite. Bei Auswahl einer Edisonbatterie zum Einbau in ein Elektromobil, eine Lokomotive, Eisenbahntriebwagen usw. wird man in Erwägung ziehen, ob es vorteilhafter ist, an Gewicht oder an Ladestrom zu sparen. Steht Ladeenergie zu niedrigen Preisen zur Verfügung, so wählt man in der Mehrzahl der Fälle zweckmäßig eine Batterie, die nach Position 5 der Tabelle mit ca. 24 Watt-Std. pro 1 kg Totalgewicht ausgenutzt wird und begnügt sich mit einem Nutzeffekt in Watt-Std. von ca. 52%. Erscheint es wirtschaftlicher, an Ladeenergie nach Möglichkeit zu sparen, so wird man vielfach vorziehen, die Zelle nur mit 16 Watt-Std. pro 1 kg zu belasten, um einen Energienutzeffekt von ca. 68% bei 2stündiger Ladezeit — nach Position 2 der Tabelle — oder von ca. 74% bei $3^3/_4$stündiger Ladezeit — Position 1 der Tabelle — zu erreichen. Derartige Berechnungen gelten für Betriebe, bei denen fortdauernd durchschnittlich die gleiche Leistung in Amp.-Std. von der Batterie nach einer Aufladung verlangt wird, bei denen also zum Beispiel mit einem Eisenbahntriebwagen oder Automobil bestimmte, gleichbleibende Wegstrecken mit einer Ladung zurückzulegen sind.

In der überwiegenden Zahl der Akkumulatorenbetriebe sind jedoch die an die Batterien zu stellenden Anforderungen sehr variabel. Hierher gehören Luxuswagen, Lastwagen aller Art, Krankenwagen usw., bei denen die Tagesleistungen von stundenlangen Ruhepausen unterbrochen werden. Rüstet man einen Lastwagen mit einer Edisonbatterie aus, groß genug, um maximal 70 km mit einer Ladung zurückzulegen und wird diese Wegstrecke täglich mit einer Unterbrechung von etwa 2 Stunden abgefahren, so ladet man die Batterie zweckmäßig nur so weit auf, daß mit Sicherheit 35 km geleistet werden können und läßt während der Mittagspause die zweite Aufladung für weitere 35 km folgen. Da sich hierdurch die Aufladung unter niedrigem Verlauf der Spannungskurve, demzufolge bei schwacher Gasentwicklung vollzieht, so werden weit höhere Nutzeffekte erzielt, wird also beträchtlich an Ladeenergie gespart gegenüber einem Betrieb, der ständig volle Aufladung der Batterie erfordert.

Derartige Verhältnisse herrschen auch vor in den meisten stationären Akkumulatorenanlagen mit je nach der Jahres-, Tages- und Nachtzeit stark schwankendem Lichtbetrieb. In derartigen Anlagen wird man mit Hilfe der Edisonbatterie, die eine Aufladung dem jeweiligen Strombedarf entsprechend zuläßt, sich den wechselnden Betriebsverhältnissen in weitestem Maße anpassen und sehr günstige Ergebnisse erzielen können.

Die Frage der Lebensdauer läßt sich zunächst generell dahin beantworten, daß die Edisonzelle, da die verwendeten Materialien in Kalilauge praktisch unlöslich sind und von dieser nicht angegriffen oder irgendwie zersetzt werden, in ihrer Wirksamkeit im Betriebe an und für sich wenig leidet. Die allmählich eintretende Kapazitätsabnahme ist abhängig in der Hauptsache von der Höhe der Belastung sowie von der mehr oder weniger oft wiederholten Aufladung. Voraussetzung für Erreichung einer möglichst hohen Lebensdauer ist die richtige Bemessung, die Auswahl der für einen gegebenen Fall passenden Zellentype bzw. Zellengröße. Hierbei gilt als Norm, daß die in den Preislisten genannten normalen Höchststromstärken für Ladung und Entladung dauernd nicht überschritten werden sollen. Die Edisonzelle benötigt bei dauernder Belastung mindestens $3^3/_4$stündiger Entladezeit. Entspricht die Batterie dieser Voraussetzung, so ist zum Beispiel bei Elektromobilbetrieb mit seinem stark schwankenden Stromverbrauch damit zu rechnen, daß innerhalb etwa 600 vollen Entladungen ein langsames Abfallen der Kapazität um etwa 15% eintritt. Mit einer derartigen Kapazitätsabnahme ist keineswegs ein Unbrauchbarwerden der Edisonbatterie verknüpft. Fast durchweg ist es möglich, ein Fahrzeug oder eine Batterie weiter in Dienst zu halten, indem die Aufladung in — der verminderten Leistung entsprechend — kürzeren Zwischenräumen erfolgt, so daß anstandslos die Batterie ihre Aufgabe so lange erfüllen kann, bis die endlich erfolgte Erschöpfung des aktiven Materials eine fernere Benutzung untunlich erscheinen läßt.

Der Elektromobilbetrieb mit seiner unausgesetzt in weiten Grenzen schwankenden Stromentnahme stellt eine der schwersten Beanspruchungen dar, die die Praxis kennt. Entspricht die bei Fahrten in der Ebene bei höchster Geschwindigkeit auftretende

Stromstärke der normalen Belastung der Batterie, so muß notgedrungen mit kurzen und längeren Stromstößen gerechnet werden, die beim Anfahren, beim Überwinden von Steigungen auftreten und oft genug dem Zwei- und Dreifachen des normalen Stromverbrauches entsprechen. Je gleichmäßiger nun die Entladung verläuft, je niedriger die entnommene Stromstärke durchschnittlich ist, desto höher steigt die Zahl der Entladungen, bevor die Edisonzelle eine merkliche Kapazitätsabnahme zeigt. Je weiter außerdem die Leistung in Watt-Std. pro Kilogramm Totalgewicht heruntergesetzt wird, desto höher ist die Lebensdauer. So wird zum Beispiel eine Zelle Type H 27, die, listenmäßig beansprucht, ca. 24 Watt-Std. pro Kilogramm leistet (siehe Position 5 der Tabelle II Seite 51) und im Elektromobilbetrieb innerhalb ca. 600 Entladungen etwa 15% an Kapazität einbüßt, unter gleich schwankender Belastung bis 1200 Entladungen bei diesem Kapazitätsabfall hergeben, wenn die Wattstundenleistung auf etwa 16,5 pro Kilogramm (siehe Position 2 der Tabelle II) bemessen wird. Wird dann noch die Stromstärke verhältnismäßig niedrig gehalten, die Entladezeit durchschnittlich auf 5 und mehr Stunden ausgedehnt (siehe Position 1, 11 und 12 der Tabelle II), so kann mit mehreren tausend Entladungen gerechnet werden bis zum Unbrauchbarwerden der Edisonzelle. Die ersten der in Deutschland in Betrieb gesetzten Batterien, die von der Edison Storage Battery Co. in Amerika hergestellt und jetzt ca. 7 Jahre alt sind, zeigen sich nach jahrelangem Dienst in ihrem mechanischen Aufbau völlig unverändert. Die Aufladung dieser Zellen geht anstandslos vor sich und ist lediglich eine durch schweren Elektromobilbetrieb hervorgerufene Verminderung der Kapazität zu konstatieren. Es ist deshalb kein Grund vorhanden, an einer Lebensdauer der Edisonbatterie von 10 Jahren und mehr zu zweifeln, wenn die Wattstundenleistung pro Kilogramm Totalgewicht etwa um $^1/_3$ und noch niedriger gewählt wird, wie in den Preislisten als normal angeführt. Die aus einer derartigen Ausnutzung der Zelle resultierenden Gewichte sind für die meisten transportablen Betriebe noch durchaus zulässig, während sie für stationäre Anlagen als sehr mäßig zu betrachten sind und dort in der Regel eine nur nebensächliche Rolle spielen.

Da eine Abnutzung der Edisonzelle in mechanischer Beziehung nicht stattfindet — läßt doch ihre starke Konstruktion bei

Lasten-Elektromobilen ohne weiteres die Verwendung von Eisenbereifung an Stelle von teurer Gummibereifung zu — so ist auch mit nennenswerten Ausgaben für Reparaturen nicht zu rechnen.

In der Tat weisen schon die kurz gehaltenen, überaus einfachen Behandlungsvorschriften, von denen ein Abdruck nachstehend folgt, darauf hin, daß die Betriebssicherheit der Edisonzelle derjenigen eines solide gebauten, erstklassigen Elektromotors gleichkommt, wie denn auch das Zuschweißen des Deckels der Zelle nicht angängig wäre, wenn Revision der Plattensätze oder Reparaturen anders denn als Ausnahme von der Regel vorkämen.

Bedienungsvorschrift[1]) für eine Edisonbatterie.

Laufende Nr. der Batterie **150.** Type **H 27.**

1. Die Batterie besteht aus 60 Zellen Type **H 27.**
2. Die Kapazität beträgt **175** Amperestunden.
3. Die Entladespannung der ordnungsgemäß geladenen und instand gehaltenen Batterie beträgt im Mittel bei der normalen Entladestromstärke von **45** Amperes pro eine Zelle 1,23 Volt, pro **60** Zellen **74** Volt.
4. Die Entladung hat zu erfolgen mit einer Stromstärke von bis **45** Amperes und ist die Batterie als entladen zu betrachten, wenn bei der normalen Höchststromstärke von **45** Amperes die Spannung sinkt pro eine Zelle unter 1,1—1,15 Volt, pro **60** Zellen, also an den Endpolen der Batterie, unter **66** bis **69** Volt.
5. Stoßweise, kurze Zeit andauernde Entladungen mit höherer Stromstärke, wie für normal vorgeschrieben, sind zulässig. Andauernde Überschreitungen der normalen Entladestromstärke, die eine schädliche Temperaturerhöhung der Zelle zur Folge haben, sind unzulässig.
6. Die Ladung der in einer Reihe hintereinander geschalteten Zellen hat mit einer Stromstärke von normal **65** Amperes zu erfolgen und ist $3^3/_4$ Stunden fortzusetzen.

[1]) Diese einfache, leicht zu befolgende Bedienungsvorschrift wird jeder Batterie beigegeben; die **fettgedruckten Zahlen** und Buchstaben werden der jeweilig gelieferten Batterie entsprechend abgeändert.

Die Spannung soll steigen gegen Ende der Ladung pro Zelle auf 1,8 Volt, pro **60** Zellen also auf **108** Volt.

Die Stromstärke bei Ladung soll nicht höher wie normal sein, ist sie niedriger, so ist die Ladung entsprechend längere Zeit fortzusetzen.

7. Der Elektrolyt soll aus 21 prozentiger Kalilauge bestehen, die ausschließlich von der „Deutschen Edison-Akkumulatoren-Company G. m. b. H." geliefert wird. Die Zellen werden mit Elektrolyt so hoch gefüllt, daß die Platten mit Flüssigkeit 12 mm überdeckt sind, gemessen in der auf dem Deckel jeder Zelle befindlichen Füllöffnung. Sinkt der Stand der Flüssigkeit unter das vorgeschriebene Maß, so ist absolut reines, destilliertes Wasser zum Nachfüllen zu verwenden. Hierzu dient zweckmäßig der von der „Deutschen Edison-Akkumulatoren-Company, G. m. b. H." zu beziehende Füllapparat. der durch Ertönen eines Weckers selbsttätig anzeigt, daß die Zelle genügend gefüllt ist.
8. Die auf der Zelle befindliche Füllöffnung ist mit aufklappbarem Deckel versehen. Es ist streng darauf zu achten, daß dieser Deckel geschlossen gehalten wird, solange er nicht für kurze Zeit beim Nachfüllen geöffnet sein muß. Der bei längerem Offenstehen des Deckels erfolgende Luftzutritt schädigt die Zelle.
9. Jede Zelle ist mit einem Ventil versehen, das durch lose aufliegenden Deckel geschlossen ist. Letzterer ist mit etwas Spielraum befestigt und wird durch die beim Laden der Zellen zeitweise sich entwickelnden Gase angehoben. An dem hierdurch entstehenden Spiel, dem mit leisem Geräusch vor sich gehenden Heben und Senken des Deckels ist zu erkennen, ob die betreffende Zelle mit „arbeitet". Sämtliche Zellen sind sorgfältig zu beobachten während der Ladung, gleichzeitig ist dafür Sorge zu tragen, daß Zellen sowohl wie Holzträger, ebenso der gesamte Batterieraum täglich sauber gereinigt werden. Die Holzträger sind durchaus trocken zu halten, um Stromübergänge zwischen den Kannen der Zellen zu vermeiden. Auch sind die von Zelle zu Zelle führenden Polverbinder auf guten Kontakt zu prüfen.
10. Über etwaige Betriebsstörungen ist sofort Bericht zu erstatten.

Edisonzellen Type Kf, P, O, H.

Nackte Zellen ohne Holzträger.

Type	P. L. Nr.	Kapazität in Ampere-Stunden	Mittlere Entladespannung bei ca. 4stündiger Entladung Volt	Normale Stromstärke bei Ladung Ampere	Normale Stromstärke bei Entladung Ampere	Ladezeit in Stunden	Außenmaße der Zelle ohne Polbolzen lang mm	breit mm	hoch mm	Gewicht pro Zelle unverpackt ohne Kalilauge kg	mit Kalilauge kg	Erforderliche Kalilauge von 21 % pro Zelle kg	Preis pro Zelle mit Kalilauge ohne Träger Mk.
Kf 6/5	311	8	1,23	3	2	$3^{3}/_{4}$	24	85	145	0,45	0,55	0,1	**6,—**
Kf12/5	310	16	1,23	6	4	$3^{3}/_{4}$	45	86	160	0,8	1,1	0,3	**7,50**
P 9	306	19	1,23	7,5	5	$3^{3}/_{4}$	40	128	158	1,2	1,6	0,4	**10,50**
P 18	307	38	1,23	15	10	$3^{3}/_{4}$	71	128	158	1,8	2,6	0,8	**14,50**
P 27	308	58	1,23	22	15	$3^{3}/_{4}$	103	128	158	2,7	3,8	1,1	**18,—**
O 18	309	76	1,23	30	20	$3^{3}/_{4}$	71	128	234	3	4,4	1,4	**23,—**
H 18	301	115	1,23	40	30	$3^{3}/_{4}$	70	128	310	4,5	6,30	1,80	**33,—**
H 27	302	175	1,23	65	45	$3^{3}/_{4}$	102	128	310	5,90	8,50	2,60	**45,—**
H 45	304	280	1,23	110	75	$3^{3}/_{4}$	170	128	310	9,20	13,60	4,40	**70,—**

Abmessungen einzelner Edisonzellen

ohne Holzträger.

Maße in Millimetern.

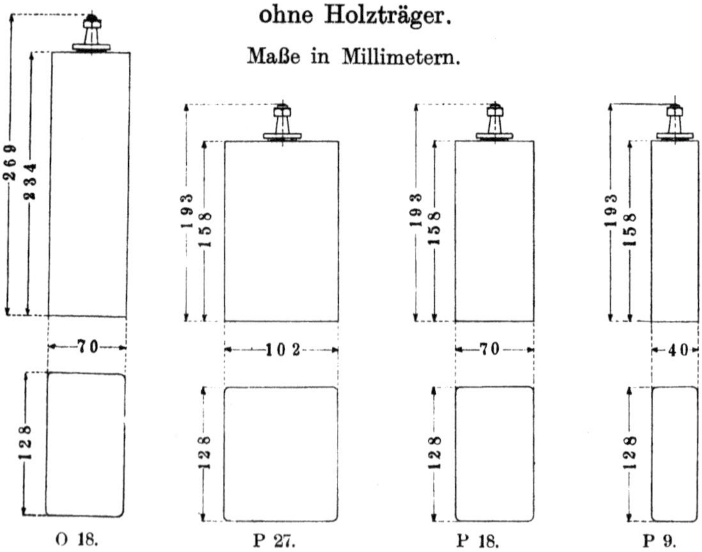

Fig. 36. Maßskizze der Edisonzellen Type O und P.

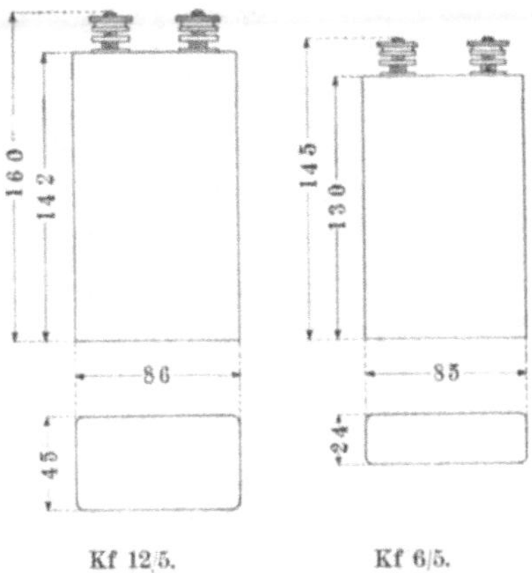

Fig. 37. Maßskizze der Edisonzellen Type Kf.

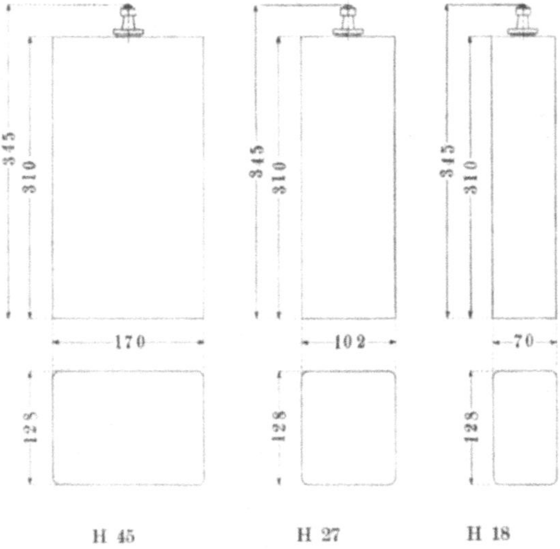

Fig. 38. Maßskizze der Edisonzellen Type H.

Edisonzellen Type P und O.

Komplette Batterien, eingebaut in offene und geschlossene Holzträger.

Fig. 39.
Edisonbatterie P. L. Nr. 626, bestehend aus 6 Zellen Type P 27, eingebaut in offenen Holzträger.

Fig. 40
Edisonbatterie P. L. Nr. 506, bestehend aus 6 Zellen Type O 18, eingebaut in geschlossenen Holzträger.

Type	Anzahl der Zellen	Kapazität in Amperestunden	Mittlere Entladespannung in Volt	Normale Stromstärke bei		Ladezeit in Stunden	Erforderliche Kalilauge von 21 %	Bei Einbau in offene Holzträger mit Tragriemen, ohne Deckel, ohne Ansteckdose, ohne äußere Anschlußklemmen, nach Fig. 39						Bei Einbau in geschlossene Holzträger mit Tragriemen, mit Deckel, mit Ansteckdose, mit äußeren Anschlußklemmen, nach Fig. 40					
								Außenmaße			Gewicht m. Kalilauge unverpackt	P. L.	Preis mit Kalilauge unverpackt	Außenmaße			Gewicht m. Kalilauge unverpackt	P. L.	Preis mit Kalilauge unverpackt
				Ladung Ampere	Entladung Ampere		kg	lang mm	breit mm	hoch mm	kg	Nr	Mk.	lang mm	breit mm	hoch mm	kg	Nr.	Mk.
P 9	2	19	2,46	7,5	5	$3^3/_4$	0,8	130	156	216	4,4	602	**25,50**	130	156	230	4,8	512	**29,—**
P 9	3	19	3,69	7,5	5	$3^4/_4$	1,2	174	156	216	6,2	603	**37,—**	174	156	230	6,6	513	**40,—**
P 9	4	19	4,92	7,5	5	$3^3/_4$	1,6	218	156	216	8,—	604	**48,—**	218	156	230	8,5	514	**52,—**
P 9	5	19	6,15	7,5	5	$3^3/_4$	2,—	262	156	216	9,8	605	**59,—**	262	156	230	10,3	515	**63,—**
P 9	6	19	7,38	7,5	5	$3^3/_4$	2,4	319	156	216	11,5	606	**70,—**	319	156	230	12,1	516	**74,—**

P 9	7	19	8,61	7,5	5	$3^3/_4$	2,8	363	156	216	13,2	607	**82,—**	363	156	230	13,9	517	**85,—**
P 9	8	19	9,84	7,5	5	$3^3/_4$	3,2	407	156	216	15,—	608	**93,—**	407	156	230	15,7	518	**96,—**
P 9	9	19	11,07	7,5	5	$3^3/_4$	3,6	451	156	216	16,8	609	**104,—**	451	156	230	17,5	519	**107,—**
P 9	10	19	12,30	7,5	5	$3^3/_4$	4,—	495	156	216	18,7	610	**115,—**	495	156	230	19,4	520	**118,—**
P 18	2	38	2,46	15	10	$3^3/_4$	1,6	189	156	216	6,3	612	**31,—**	189	156	230	6,7	522	**36,—**
P 18	3	38	3,69	15	10	$3^3/_4$	2,4	265	156	216	9,—	613	**49,—**	265	156	230	9,5	523	**52,—**
P 18	4	38	4,92	15	10	$3^3/_4$	3,2	341	156	216	11,7	614	**64,—**	341	156	230	12,2	524	**68,—**
P 18	5	38	6,15	15	10	$3^3/_4$	4,—	431	156	216	14,4	615	**80,—**	431	156	230	14,9	525	**83,—**
P 18	6	38	7,38	15	10	$3^3/_4$	4,8	507	156	216	17,—	616	**95,—**	507	156	230	17,6	526	**99,—**
P 18	7	38	8,61	15	10	$3^3/_4$	5,6	583	156	216	19,8	617	**110,—**	583	156	230	20,5	527	**115,—**
P 18	8	38	9,84	15	10	$3^3/_4$	6,4	659	156	216	22,5	618	**126,—**	659	156	230	23,2	528	**130,—**
P 18	9	38	11,07	15	10	$3^3/_4$	7,2	749	156	216	25,2	619	**141,—**	749	156	230	25,9	529	**145,—**
P 18	10	38	12,30	15	10	$3^3/_4$	8,—	825	156	216	28,—	620	**156,—**	825	156	230	28,7	530	**160.—**
P 27	2	58	2,46	22	15	$3^3/_4$	2,2	252	156	216	8,7	622	**41,—**	252	156	230	9,5	532	**44,—**
P 27	3	58	3,69	22	15	$3^3/_4$	3,3	360	156	216	12,8	623	**60,—**	360	156	230	13,3	533	**63,—**
P 27	4	58	4,92	22	15	$3^3/_4$	4,4	468	156	216	16,7	624	**78,—**	468	156	230	17,4	534	**82,—**
P 27	5	58	6,15	22	15	$3^3/_4$	5,5	590	156	216	20,7	625	**97,—**	590	156	230	21,5	535	**102.—**
P 27	6	58	7,38	22	15	$3^3/_4$	6,6	698	156	216	24,8	626	**116,—**	698	156	230	25,6	536	**121 —**
P 27	7	58	8,61	22	15	$3^3/_4$	7,7	820	156	216	26,8	627	**135,—**	820	156	230	29,7	537	**140,—**
P 27	8	58	9,84	22	15	$3^3/_4$	8,8	928	156	216	32,7	628	**154,—**	928	156	230	33,7	538	**159,—**
P 27	9	58	11,07	22	15	$3^3/_4$	9,9	1036	156	216	36,8	629	**173,—**	1036	156	230	37,8	539	**178,—**
P 27	10	58	12,30	22	15	$3^3/_4$	11,—	1144	156	216	40,9	630	**192.—**	1144	156	230	42,0	540	**197,—**
O 18	2	76	2,46	30	20	$3^3/_4$	2,8	189	156	284	9,8	632	**52,—**	189	156	307	10,3	502	**55,—**
O 18	3	76	3,69	30	20	$3^3/_4$	4,2	265	156	284	14,2	633	**76,—**	265	156	307	14,7	503	**79,—**
O 18	4	76	4,92	30	20	$3^3/_4$	5,6	341	156	284	18,5	634	**100,—**	341	156	307	19,2	504	**104,—**
O 18	5	76	6,15	30	20	$3^3/_4$	7,—	431	156	284	23,—	635	**125,—**	431	156	307	23,6	505	**129,—**
O 18	6	76	7,38	30	20	$3^3/_4$	8,4	507	156	284	27,5	636	**149,—**	507	156	307	28,2	506	**153,—**
O 18	7	76	8,61	30	20	$3^3/_4$	9,8	583	156	284	32,—	637	**174,—**	583	156	307	32,7	507	**177,—**
O 18	8	76	9,84	30	20	$3^3/_4$	11,2	659	156	284	36,5	638	**198,—**	659	156	307	37,2	508	**202,—**
O 18	9	76	11,07	30	20	$3^3/_4$	12,6	749	156	284	41,—	639	**222,—**	749	156	307	41,7	509	**227.—**
O 18	10	76	12,30	30	20	$3^3/_4$	14,—	825	156	284	45,5	640	**246.—**	825	156	307	46,3	510	**251,—**

Edisonzellen Type H.

Komplette Batterien, eingebaut in offene Holzträger.

Type	Anzahl der Zellen	Kapazität in Amperestunden	Mittlere Entladespannung in Volt	Normale Stromstärke bei Ladung Amperes	Normale Stromstärke bei Entladung Amperes	Ladezeit in Stunden	Erforderliche Kalilauge von 21 % kg	Außenmaße lang mm	Außenmaße breit mm	Außenmaße hoch mm	P. L. Nr.	Gewicht mit Kalilauge unverpackt kg	Preis mit Kalilauge unverpackt M.
H 18	2	115	2,46	40	30	$3^3/_4$	3,6	189	156	370	13,4	401	**70,—**
H 18	3	115	3,69	40	30	$3^3/_4$	5,4	265	156	370	20,1	402	**104,—**
H 18	4	115	4,92	40	30	$3^3/_4$	7,2	341	156	370	26,8	403	**138,—**
H 18	5	115	6,15	40	30	$3^3/_4$	9	431	156	370	33,5	404	**173,—**
H 18	6	115	7,38	40	30	$3^3/_4$	10,8	507	156	370	40,2	405	**207,—**
H 18	7	115	8,61	40	30	$3^3/_4$	12,6	583	156	370	46,9	406	**241,—**
H 18	8	115	9,84	40	30	$3^3/_4$	14,4	659	156	370	53,6	407	**275,—**
H 18	9	115	11,07	40	30	$3^3/_4$	16,2	749	156	370	60,3	408	**309,—**
H 27	2	175	2,46	65	45	$3^3/_4$	5,2	252	156	370	18	411	**94,—**
H 27	3	175	3,69	65	45	$3^3/_4$	7,8	360	156	370	27	412	**141,—**
H 27	4	175	4,92	65	45	$3^3/_4$	10,4	468	156	370	36	413	**187,—**
H 27	5	175	6,15	65	45	$3^3/_4$	13	590	156	370	45	414	**234,—**
H 27	6	175	7,38	65	45	$3^3/_4$	15,6	698	156	370	54	415	**281,—**
H 27	7	175	8,61	65	45	$3^3/_4$	18,2	820	556	370	63	416	**326,—**
H 27	8	175	9,84	65	45	$3^3/_4$	20,8	928	156	370	72	417	**372,—**
H 27	9	175	11,07	65	45	$3^3/_4$	23,4	1036	156	370	81	418	**419,—**
H 45	2	280	2.46	110	75	$3^3/_4$	8,8	389	156	370	29	421	**146,—**
H 45	3	280	3,69	110	75	$3^3/_4$	13,2	579	156	370	43,5	422	**219,—**
H 45	4	280	4,92	110	75	$3^3/_4$	17,6	755	156	370	58	423	**291,—**
H 45	5	280	6,15	110	75	$3^3/_4$	22	945	156	370	72,5	424	**362,—**

Fig. 41. Holzträger für 6 Zellen Type H 27.

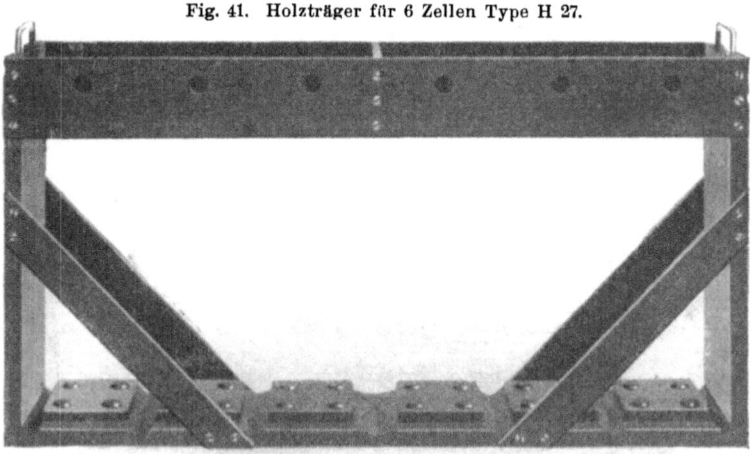

Edisonzelle Type Kf 12/5.

Eingebaut in offene und geschlossene Holzträger

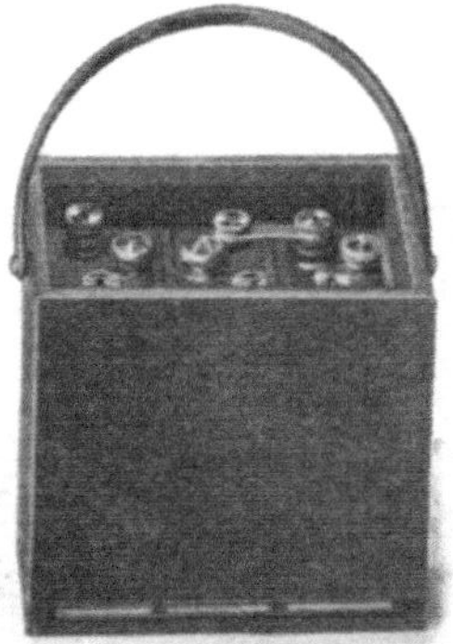

Fig. 42.

Fig. 42. Edisonbatterie P. L. Nr. 566, bestehend aus 3 Zellen Type Kf 12/5, eingebaut in offenen Holzträger.

Fig. 43. Edisonbatterie P. L. Nr. 578, bestehend aus 6 Zellen Type Kf 12/5, eingebaut in geschlossenen Holzträger.

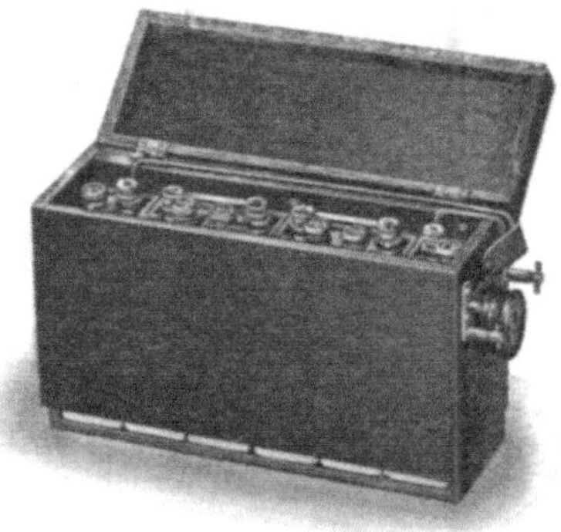

Fig. 43.

Anzahl der Zellen	Kapazität in Ampèrestunden	Mittlere Entladespannung in Volt	Normale Stromstärke bei		Ladezeit in Stunden	Erforderliche Kalilauge von 21 %	Bei Einbau in offene Holzträger mit Tragriemen, ohne Deckel, ohne Ansteckdose, ohne äußere Anschlußklemmen, nach Figur 42						Bei Einbau in geschlossene Holzträger mit Tragriemen, mit Deckel, mit Ansteckdose, mit äußeren Anschlußklemmen, nach Figur 43					
			Ladung Amperes	Entladung Amperes			Außenmaße			Gewicht m. Kalilauge unverpackt	P. L. Nr.	Preis mit Kalilauge unverpackt	Außenmaße			Gewicht m. Kalilauge unverpackt	P. L. Nr.	Preis mit Kalilauge unverpackt
						kg	lang mm	breit mm	hoch mm	kg		Mk.	lang mm	breit mm	hoch mm	kg		Mk.
2	16	2,46	6	4	$3^3/_4$	0,6	110	105	178	2,6	565	**18,—**	110	105	206	2,7	574	**20,50**
3	16	3,69	6	4	$3^3/_4$	0,9	156	105	178	3,8	566	**26,—**	156	105	206	3,9	575	**28,50**
4	16	4,92	6	4	$3^3/_4$	1,2	203	105	178	4,9	567	**34,—**	203	105	206	5,1	576	**36,50**
5	16	6,15	6	4	$3^3/_4$	1,5	249	105	178	6,1	568	**42,—**	249	105	206	6,3	577	**45,—**
6	16	7,38	6	4	$3^3/_4$	1,8	296	105	178	7,3	569	**50,—**	296	105	206	7,5	578	**53,—**
7	16	8,61	6	4	$3^3/_4$	2,1	342	105	178	8,5	570	**58,—**	342	105	206	8,7	579	**61,—**
8	16	9,84	6	4	$3^3/_4$	2,4	388	105	178	9,7	571	**65,50**	388	105	206	10,0	580	**69,50**
9	16	11,07	6	4	$3^3/_4$	2,7	434	105	178	10,8	572	**73,—**	434	105	206	11,2	581	**77,50**
10	16	12,30	6	4	$3^3/_4$	3,0	480	105	178	12,0	573	**81,50**	480	105	206	12,4	582	**85,50**

Edisonzelle Type Kf 6/5.

Eingebaut in offene und geschlossene Holzträger.

Fig 44

Fig 44. Edisonbatterie, P. L Nr. 548, bestehend aus 3 Zellen Type Kf 6/5, eingebaut in offenen Holzträger.

Fig. 45.

Fig. 45 Edisonbatterie, P L. Nr. 530, bestehend aus 6 Zellen Type Kf 6/5, eingebaut in geschlossenen Holzträger.

Anzahl der Zellen	Kapazitat in Amperestunden	Mittlere Entladespannung in Volt	Normale Stromstärke bei		Ladezeit in Stunden	Erforderliche Kalilauge von 21 %	Bei Einbau in offene Holzträger mit Tragriemen, ohne Deckel, ohne Ansteckdose, ohne äußere Anschlußklemmen, nach Fig. 44.						Bei Einbau in geschlossene Holzträger mit Tragriemen, mit Deckel, mit Ansteckdose, mit äußeren Anschlußklemmen, nach Fig 45.					
			Ladung Amperes	Entladung Amperes			Außenmaße			Gewicht mit Kalilauge unverpackt	P. L	Preis mit Kalilauge unverpackt	Außenmaße			Gewicht mit Kalilauge unverpackt	P. L.	Preis mit Kalilauge unverpackt
							lang	breit	hoch				lang	breit	hoch			
						kg	mm	mm	mm	kg	Nr.	Mk.	mm	mm	mm	kg	Nr.	Mk.
2	8	2,46	3	2	$3\frac{3}{4}$	0,2	70	102	163	1,4	547	**14,50**	70	102	183	1,5	556	**16,50**
3	8	3,69	3	2	$3\frac{3}{4}$	0,3	96	102	163	2,0	548	**20,50**	96	102	183	2,1	557	**23,—**
4	8	4,92	3	2	$3\frac{3}{4}$	0,4	122	102	163	2,6	549	**27,—**	122	102	183	2,7	558	**29,50**
5	8	6,15	3	2	$3\frac{3}{4}$	0,5	149	102	163	3,2	550	**33,—**	149	102	183	3,3	559	**36,—**
6	8	7,38	3	2	$3\frac{3}{4}$	0,6	176	102	163	3,8	551	**39,50**	176	102	183	3,9	560	**42,—**
7	8	8,61	3	2	$3\frac{3}{4}$	0,7	202	102	163	4,4	552	**46,—**	202	102	183	4,5	561	**48,50**
8	8	9,84	3	2	$3\frac{3}{4}$	0,8	228	102	163	5,0	553	**52,50**	228	102	183	5,1	562	**55,—**
9	8	11,07	3	2	$3\frac{3}{4}$	0,9	254	102	163	5,6	554	**58,50**	254	102	183	5,7	563	**62,—**
10	8	12,30	3	2	$3\frac{3}{4}$	1,0	280	102	163	6,2	555	**65,—**	280	102	183	6,3	564	**68,—**

Erläuterungen zu den Tabellen III bis XI einschließlich.

Obengenannte Tabellen sollen zur schnellen Orientierung dienen bei Gebrauch und Veranschlagung von Edisonakkumulatoren. Bei den einzelnen Tabellen ist zu beachten:

1. **Zellenzahl:** Diese ist von 1 bis 100 durchgeführt, wobei über 12 hinaus die ungeraden Zahlen fortgelassen sind. Die bei letzteren sowohl wie bei mehr als 100 Zellen einzusetzenden Werte sind mit Hilfe der Tabellen leicht zu ermitteln.

2. **Die Kapazität** in KWStd. wird erhalten durch Multiplikation der bei normaler Entladestromstärke, wie sie für Dauerbetrieb noch zulässig ist, an den Klemmen der Edisonzelle herrschenden mittleren Entladespannung mit der in den Preislisten angegebenen Kapazität in Amp.-Std. Da letztere bei wechselnder Entladestromstärke sich nicht ändert, so ist auch die Kapazität in KWStd. nur in geringem Maße von schwankender Belastung abhängig. Während die Angaben der Tabellen für Entladung mit normaler Stromstärke in $3^3/_4$ Stunden gelten, steigt die Kapazität in KWStd. um ca. 4% bei Entladung in 10 Std., fällt ab um ca. 6,5% bei Entladung in 2 Stunden.

Beispiel:

Laut Tabelle ist die Kapazität einer Zelle Type H 27 mit 216 Watt-Std. einzusetzen (175 Amp.-Std. · 1,23 Volt = rund 216 Watt-Std.).

Eine Edisonbatterie von 70 Zellen Type H 27 weist eine Kapazität auf von:

15,68	KWStd.	bei	Entladung	in	10 Std.	mit	17,5 Amp.
15,12	„	„	„	„	$3^3/_4$ „	„	45 „
14,14	„	„	„	„	2 „	„	90 „

3. **Die zulässige Belastung in KW** erhält man durch Multiplikation der mittleren Batteriespannung mit der normal zulässigen Entladestromstärke. Hierbei ist die mittlere Batteriespannung stets das Produkt aus Anzahl der hintereinandergeschalteten Zellen und dem Wert 1,23.

Beispiel:

Eine Edisonbatterie von 100 Zellen Type H 18 kann für Dauerbetrieb entladen werden mit 30 Amp. Die mittlere an den Endklemmen der Batterie herrschende Entladespannung ist 100 · 1,23 = 123 Volt und die zulässige Belastung in KW = 123 · 30 =

3,69 KW. Überschreitungen dieser normalen Belastung auf kurze Zeit und zwar um das Drei- und Vierfache sind zulässig, doch ist der damit verbundene, während der Dauer der Überlastung anhaltende Spannungsabfall zu beachten und diesem ev. durch Aufstellung von Zusatzzellen Rechnung zu tragen, wenn der Betrieb das Aufrechterhalten einer bestimmten mittleren Spannung auch bei vorübergehend höherer Beanspruchung der Batterie erfordert.

Bei Fahrbetrieb, der wie bei Elektromobilen, Lokomotiven usw. ohnehin stark schwankende Belastungen aufweist, werden einer zu lange Zeit anhaltenden Überlastung am sichersten Grenzen gezogen dadurch, daß die Batterie groß genug gewählt wird, um bei Fahrten mit maximaler Geschwindigkeit auf steigungsloser Strecke ein Überschreiten der normalen Entladestromstärke unmöglich zu machen.

Handelt es sich um Lichtanlagen, bei denen die Batterie als Momentreserve in Ausnahmefällen eine größere Lampenzahl speisen soll wie im regulären Betriebe vorgesehen, so ist es ohne weiteres zulässig, die Edisonbatterie mit einer Stromstärke zu entladen, die einer zweistündigen Entladezeit, also beispielsweise bei Type H 27 90 Amp. gegenüber der normalen Stromstärke von 45 Amp., entspricht. Eine Schädigung der Zellen ist von derartigen, nur ausnahmsweise vorkommenden Beanspruchungen nicht zu befürchten, auch wenn die Entladung bis zur Erschöpfung der Zellen, bis zum Dunkelbrennen der Lampen durchgeführt wird.

4. **Gewicht:** Die Gewichte der Tabellen schließen ein die Einzelgewichte der leeren Zellen, des Elektrolyten und der Holzträger sowie der Verbindungen von Pol zu Pol, stellen also die Totalgewichte einer gebrauchsfertigen Batterie dar.

5. **Grundfläche:** Die in Quadratmeter, bei den kleinen Typen in Quadratzentimeter angegebene Grundfläche ist mindestens erforderlich, um die Batterie unterzubringen. Es empfiehlt sich, den in der Tabelle genannten Zahlen ca. 2% hinzuzurechnen, falls die Möglichkeit einer leichten Auswechslung der einzelnen Holzträger, in welche die Zellen eingebaut sind, gewünscht wird. Außerdem muß sich die Gestalt der Grundfläche, auf der eine Batterie untergebracht werden soll, nach den Holzträgern richten. die listenmäßig und normal geführt werden. Den Tabellen sind die gebräuchlichsten Größen von Holzträgern zugrunde gelegt und zwar für je 6 Zellen, abgesehen von der Type H 45, bei der das Maß eines Trägers für 4 Zellen zur Berechnung der Grundfläche benutzt wurde (Fig. 46, 47, 48, 49).

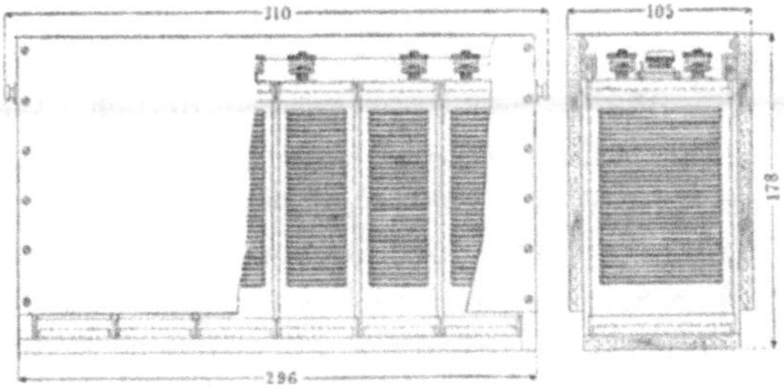

Fig. 46. 6 Zellen Type Kf 12/5, eingebaut in Holzträger.

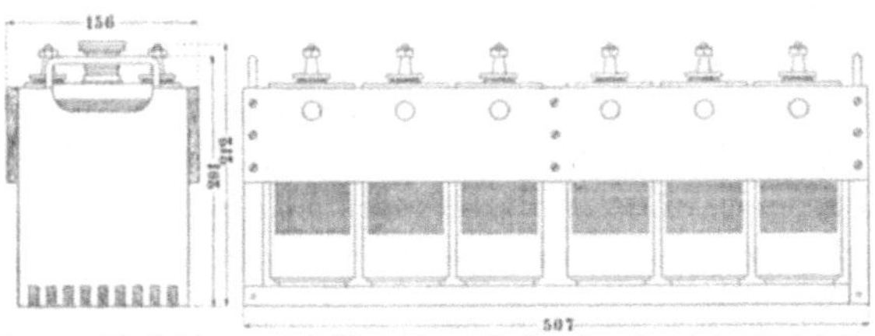

Fig. 47. Maßskizze. 6 Zellen Type P 18, eingebaut in Holzträger.

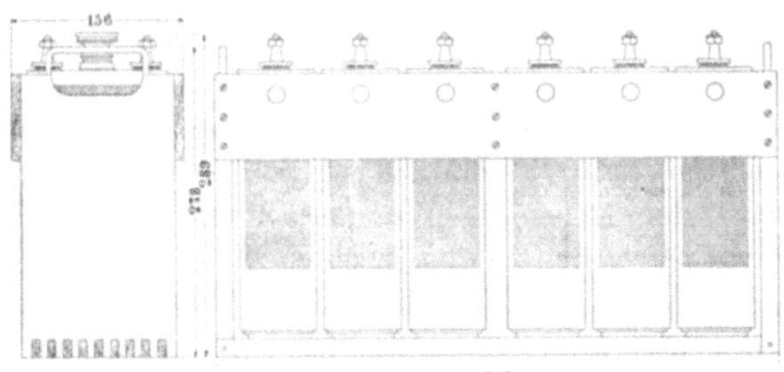

Fig. 48. Maßskizze. 6 Zellen Type O 18, eingebaut in Holzträger.

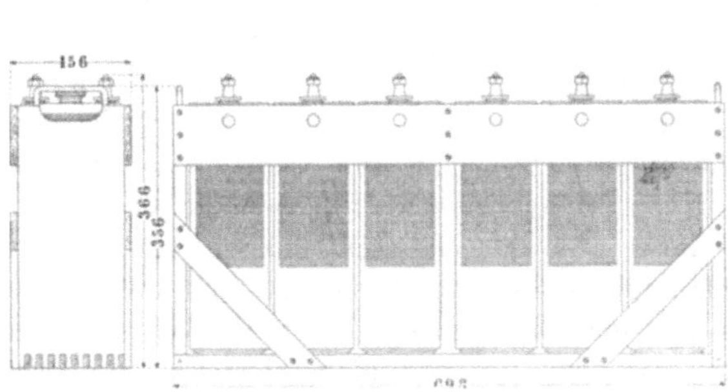

Fig. 49. Maßskizze. 6 Zellen Type H 27, eingebaut in Holzträger.

Beispiel:

Nach der Tabelle ist für eine Batterie von 60 Zellen Type H 27 eine Grundfläche von 1,092 qm erforderlich. Werden diese Zellen in 10 Träger für je 6 Zellen eingebaut, die jeder eine Länge von 698 mm bei 156 mm Breite aufweisen, so kann die Batterie auf einer Fläche von 698 · 1560 mm untergebracht werden. Um die Träger ohne Schwierigkeit an Ort und Stelle zu bringen, sind diese Maße auf etwa 705 · 1580 mm abzurunden. Wird die gleiche Batterie in 12 Träger für je 5 Zellen eingebaut, die jeder für eine Länge von 590 mm bei 156 mm Breite vorgesehen sind, so ist der Batterieraum für eine Länge von etwa 1890 mm bei 595 mm Breite einzurichten.

Die in Fig. 46—49 angegebene Höhe der in Träger eingebauten Zellen versteht sich einschließlich Polbolzen. Werden die Batterien in geschlossenen Räumen untergebracht, so empfiehlt es sich, die lichte Raumhöhe um ca. 20—30 mm größer zu bemessen und zwar:

bei	der	Zelle	Type	H	auf	400	mm
„	„	„	„	O	„	315	„
„	„	„	„	P	„	245	„
„	„	„	„	Kf	„	200	„

Bei allseitig geschlossenen Batterieräumen sind deren Deckel so einzurichten, daß sie beim Laden der Zellen geöffnet werden können, um den Gasen — Wasserstoff und Sauerstoff — ungehindertes Entweichen zu ermöglichen. Es ist selbstverständlich, daß offenes Licht und Feuer wegen der Entzündbarkeit der Gase von Batterie und einzelnen Zellen fernzuhalten sind.

6. **Mittlere Entladespannung:** Die Angaben der Tabelle gelten hierfür unter der Voraussetzung, daß die Zellen mit der in den Listen angegebenen, normal zulässigen Stromstärke entladen werden. Charakteristisch für die Edisonzelle ist, daß sie ihre mittlere Entladespannung von 1,23 Volt bei normaler Entladestromstärke sofort wieder erlangt, sobald eine momentane Überlastung, die entsprechenden Spannungsabfall zur Folge hat, aufhört. Die Zelle ist außerordentlich elastisch und wirkt infolgedessen u. a. bei Elektromobilbetrieb abschwächend ein auf die den Motor und das mechanische Getriebe stark in Anspruch nehmenden Stöße, die beim Anfahren, bei plötzlichen Fahrthindernissen, bei unvorsichtiger Handhabung des Kontrollers auftreten (Fig. 50).

7. **Höchste Ladespannung:** Gegen Ende der Ladung nimmt — bei Anwendung der normal zulässigen Ladestromstärke — die Edisonzelle eine Spannung von 1,8 Volt an. Hiernach sind die Ladevorrichtungen zu bemessen.

Beispiel:

Es soll eine Edisonbatterie von 60 Zellen Type H 27 von einem Gleichstromnetz, das 110 Volt Spannung führt, geladen werden. Es sei vorausgesetzt, daß die normale Ladestromstärke von 65 Amp. zur Verfügung steht. Man wählt dann zweckmäßig zur Regulierung der Ladestromstärke einen Vorschaltwiderstand mit

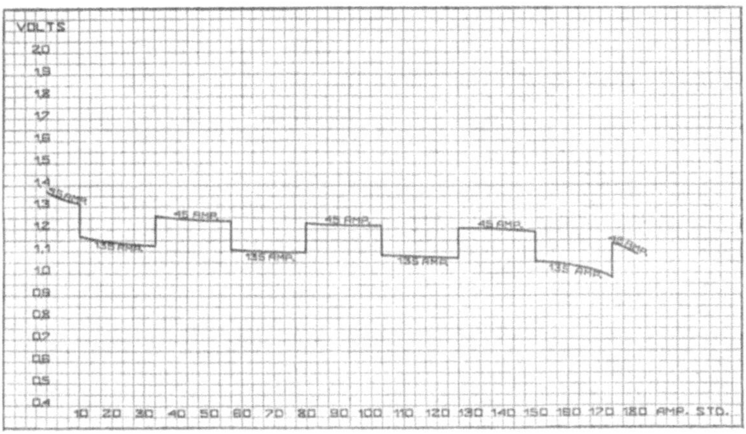

Fig. 50. Entladekurve einer Edisonzelle Type H 27 bei wechselnder Belastung.

6 Regulierkontakten, der in der Lage ist, bei Dauerbelastung mit 65 Amp. ohne unzulässige Erwärmung die über 1,5 Volt pro Zelle — in diesem Falle also über $60 \cdot 1{,}5 = 90$ Volt — hinausgehende Spannung zu vernichten. Der Widerstand wäre demnach im vorliegenden Fall für 0,3 Ohm zu bauen und wird in der Weise benutzt, daß er bei fortschreitender Ladung, ansteigender Spannung der Batterie und damit sinkender Stromstärke nach und nach abgeschaltet wird.

Soll die Batterie von einer Dynamomaschine geladen werden, so ist, falls variable Spannung zur Verfügung steht, in üblicher Weise mittels Nebenschlußwiderstand die Spannung der Dynamo der wachsenden Gegenspannung der Batterie anzupassen.

Tabelle III.

Technische Daten der Edisonzelle Type H 45. Kapazität = 280 Amperestunden. Normale Endladestromstärke = 75 Amp. Normale Ladestromstärke = 110 Amp.

Zellenanzahl	Kapazität Kilowattstunden	Zulässige Belastung Kilowatt	Gewicht kg	Grundfläche qm	Mittlere Entladespannung Volt	Maximale Ladespannung Volt
1	0,344	0,0922	14,5	0,0294	1,23	1,8
2	0,688	0,1844	29	0,0588	2,46	3,6
3	1,032	0,2766	43,5	0,0882	3,69	5,4
4	1,376	0,3688	58	0,1176	4,92	7,2
5	1,720	0,4610	72,5	0,1470	6,15	9,0
6	2,064	0,5532	87	0,1764	7,38	10,8
7	2,408	0,6454	101,5	0,2058	8,61	12,6
8	2,752	0,7376	116	0,2352	9,84	14,4
9	3,096	0,8298	130,5	0,2646	11,07	16,2
10	3,440	0,9220	145	0,2940	12,30	18,0
11	3,784	1,0142	159,5	0,3234	13,53	19,8
12	4,128	1,1064	174	0,3528	14,76	21,6
14	4,816	1,2908	203	0,4116	17,22	25,2
16	5,504	1,4752	232	0,4704	19,68	28,8
18	6,192	1,6596	261	0,5292	22,14	32,4
20	6,880	1,8440	290	0,5880	24,60	36,0
22	7,568	2,0284	319	0,6468	27,06	39,6
24	8,256	2,2128	348	0,7056	29,52	43,2
26	8,944	2,3972	377	0,7644	31,98	46,8
28	9,632	2,5816	406	0,8232	34,44	50,4
30	10,320	2,7660	435	0,8820	36,90	54,0
32	11,008	2,9504	464	0,9408	39,36	57,6
34	11,696	3,1348	493	0,9996	41,82	61,2
36	12,384	3,3192	522	1,0584	44,28	64,8
38	13,072	3,5036	551	1,1172	46,74	68,4
40	13,760	3,6880	580	1,1760	49,20	72,0
42	14,448	3,8724	609	1,2348	51,66	75,6
44	15,136	4,0568	638	1,2936	54,12	79,2
46	15,824	4,2412	667	1,3524	56,58	82,8
48	16,512	4,4256	696	1,4112	59,04	86,4
50	17,200	4,6100	725	1,4700	61,50	90,0
52	17,888	4,7944	754	1,5288	63,96	93,6
54	18,576	4,9788	783	1,5876	66,42	97,2
56	19,264	5,1632	812	1,6464	68,88	100,8
58	19,952	5,3476	841	1,7052	71,34	104,4
60	20,640	5,5320	870	1,7640	73,80	108,0
62	21,328	5,7164	899	1,8228	76,26	111,6
64	22,016	5,9008	928	1,8816	78,72	115,2
66	22,704	6,0852	957	1,9404	81,18	118,8
68	23,393	6,2696	986	1,9992	83,64	122,4
70	24,080	6,4540	1015	2,0580	86,10	126,0
72	24,768	6,6384	1044	2,1168	88,56	129,6

Zellen-anzahl	Kapazität Kilowatt-stunden	Zulässige Belastung Kilowatt	Gewicht kg	Grund-fläche qm	Mittlere Entlade-spannung Volt	Maximale Lade-spannung Volt
74	25,456	6,8228	1073	2,1756	91,02	133,2
76	26,144	7,0072	1102	2,2344	93,48	136,8
78	26,832	7,1916	1131	2,2932	95,94	140,4
80	27,520	7,3760	1160	2,3520	98,40	144,0
82	28,208	7,5604	1189	2,4108	100,86	147,6
84	28,896	7,7448	1218	2,4696	103,32	151,2
86	29,584	7,9292	1247	2,5284	105,78	154,8
88	30,272	8,1136	1276	2,5872	108,24	158,4
90	30,960	8,2980	1305	2,6460	110,70	162,0
92	31,648	8,4824	1334	2,7048	113,16	165,6
94	32,336	8,6668	1363	2,7636	115,62	169,2
96	33,024	8,8512	1392	2,8224	118,08	172,8
98	33,712	9,0356	1421	2,8812	120,54	176,4
100	34,400	9,2200	1450	2,9400	123,00	180,0

Tabelle IV.

Technische Daten der Edisonzelle Type H 27. Kapazität = 175 Amperestunden. Normale Entladestromstärke = 45 Amp. Normale Ladestromstärke = 65 Amp.

Zellen-anzahl	Kapazität Kilowatt-stunden	Zulässige Belastung Kilowatt	Gewicht kg	Grund-fläche qm	Mittlere Entlade-spannung Volt	Maximale Lade-spannung Volt
1	0,216	0,0553	9	0,0182	1,23	1,8
2	0,432	0,1106	18	0,0364	2,46	3,6
3	0,648	0,1659	27	0,0546	3,69	5,4
4	0,864	0,2212	36	0,0728	4,92	7,2
5	1,080	0,2765	45	0,0910	6,15	9,0
6	1,296	0,3318	54	0,1092	7,38	10,8
7	1,512	0,3871	63	0,1274	8,61	12,6
8	1,728	0,4424	72	0,1456	9,84	14,4
9	1,944	0,4977	81	0,1638	11,07	16,2
10	2,160	0,5530	90	0,1820	12,30	18,0
11	2,376	0,6083	99	0,2002	13,53	19,8
12	2,592	0,6636	108	0,2184	14,76	21,6
14	3,024	0,7742	126	0,2548	17,22	25,2
16	3,456	0,8848	144	0,2912	19,68	28,8
18	3,888	0,9954	162	0,3276	22,14	32,4
20	4,320	1,1060	180	0,3640	24,60	36,0
22	4,752	1,2166	198	0,4004	27,06	39,6
24	5,184	1,3272	216	0,4368	29,52	43,2
26	5,616	1,4378	234	0,4732	31,98	46,8
28	6,048	1,5484	252	0,5096	34,44	50,4
30	6,480	1,6590	270	0,5460	36,90	54,0

Zellenanzahl	Kapazität Kilowattstunden	Zulässige Belastung Kilowatt	Gewicht kg	Grundfläche qm	Mittlere Entladespannung Volt	Maximale Ladespannung Volt
32	6,912	1,7696	288	0,5824	39,36	57,6
34	7,344	1,8802	306	0,6188	41,82	61,2
36	7,776	1,9908	324	0,6552	44,28	64,8
38	8,208	2,1014	342	0,6916	46,74	68,4
40	8,640	2,2120	360	0,7280	49,20	72,0
42	9,072	2,3226	378	0,7644	51,66	75,6
44	9,504	2,4332	396	0,8008	54,12	79,2
46	9,936	2,5438	414	0,8372	56,58	82,8
48	10,368	2,6544	432	0,8736	59,04	86,4
50	10,800	2,7650	450	0,9100	61,50	90,0
52	11,232	2,8756	468	0,9464	63,96	93,6
54	11,664	2,9862	486	0,9828	66,42	97,2
56	12,096	3,0968	504	1,0192	68,88	100,8
58	12,528	3,2074	522	1,0556	71,34	104,4
60	12,960	3,3180	540	1,0920	73,80	108,0
62	13,392	3,4286	558	1,1284	76,26	111,6
64	13,824	3,5392	576	1,1648	78,72	115,2
66	14,256	3,6498	594	1,2012	81,18	118,8
68	14,688	3,7604	612	1,2376	83,64	122,4
70	15,120	3,8710	630	1,2740	86,10	126,0
72	15,552	3,9816	648	1,3104	88,56	129,6
74	15,984	4,0922	666	1,3468	91,02	133,2
76	16,416	4,2028	684	1,3832	93,48	136,8
78	16,848	4,3134	702	1,4196	95,94	140,4
80	17,280	4,4240	720	1,4560	98,40	144,0
82	17,712	4,5346	738	1,4924	100,86	147,6
84	18,144	4,6452	756	1,5288	103,32	151,2
86	18,576	4,7558	774	1,5652	105,78	154,8
88	19,008	4,8664	792	1,6016	108,24	158,4
90	19,440	4,9770	810	1,6380	110,70	162,0
92	19,872	5,0876	828	1,6744	113,16	165,6
94	20,304	5,1982	846	1,7108	115,62	169,2
96	20,736	5,3088	864	1,7472	118,08	172,8
98	21,168	5,4194	882	1,7836	120,54	176,4
100	21,600	5,5300	900	1,8200	123,00	180,0

Tabelle V.

Technische Daten der Edisonzelle Type H 18. Kapazität = 115 Amperestunden. Normale Entladestromstärke = 30 Amp. Normale Ladestromstärke = 40 Amp.

Zellenanzahl	Kapazität Kilowattstunden	Zulässige Belastung Kilowatt	Gewicht kg	Grundfläche qm	Mittlere Entladespannung Volt	Maximale Ladespannung Volt
1	0,141	0,0369	6,7	0,0133	1,23	1,8
2	0,282	0,0738	13,4	0,0266	2,46	3,6
3	0,423	0,1107	20,1	0,0399	3,69	5,4

Zellen-anzahl	Kapazität Kilowatt-stunden	Zulässige Belastung Kilowatt	Gewicht kg	Grund-fläche qm	Mittlere Entlade-spannung Volt	Maximale Lade-spannung Volt
4	0,564	0,1476	26,8	0,0532	4,92	7,2
5	0,705	0,1845	33,5	0,0665	6,15	9,0
6	0,846	0,2214	40,2	0,0798	7,38	10,8
7	0,987	0,2583	46,9	0,0931	8,61	12,6
8	1,128	0,2952	53,6	0,1064	9,84	14,4
9	1,269	0,3321	60,3	0,1197	11,07	16,2
10	1,410	0,3690	67,0	0,1330	12,30	18,0
11	1,551	0,4059	73,7	0,1463	13,53	19,8
12	1,692	0,4428	80,4	0,1596	14,76	21,6
14	1,974	0,5166	93,8	0,1862	17,22	25,2
16	2,256	0,5904	107,2	0,2128	19,68	28,8
18	2,538	0,6642	120,6	0,2394	22,14	32,4
20	2,820	0,7380	134,0	0,2660	24,60	36,0
22	3,102	0,8118	147,4	0,2926	27,06	39,6
24	3,384	0,8856	160,8	0,3192	29,52	43,2
26	3,666	0,9594	174,2	0,3458	31,98	46,8
28	3,948	1,0332	187,6	0,3724	34,44	50,4
30	4,230	1,1070	201,0	0,3990	36,90	54,0
32	4,512	1,1808	214,4	0,4256	39,36	57,6
34	4,794	1,2546	227,8	0,4522	41,82	61,2
36	5,076	1,3284	241,2	0,4788	44,28	64,8
38	5,358	1,4022	254,6	0,5054	46,74	68,4
40	5,640	1,4760	268,0	0,5320	49,20	72,0
42	5,922	1,5498	281,4	0,5586	51,66	75,6
44	6,204	1,6236	294,8	0,5852	54,12	79,2
46	6,486	1,6974	308,2	0,6118	56,58	82,8
48	6,768	1,7712	321,6	0,6384	59,04	86,4
50	7,050	1,8450	335,0	0,6650	61,50	90,0
52	7,332	1,9188	348,4	0,6916	63,96	93,6
54	7,614	1,9926	361,8	0,7182	66,42	97,2
56	7,896	2,0664	375,2	0,7448	68,88	100,8
58	8,178	2,1402	388,6	0,7714	71,34	104,4
60	8,460	2,2140	402,0	0,7980	73,80	108,0
62	8,742	2,2878	415,4	0,8246	76,26	111,6
64	9,024	2,3616	428,8	0,8512	78,72	115,2
66	9,306	2,4354	442,2	0,8778	81,18	118,8
68	9,588	2,5092	455,6	0,9044	83,64	122,4
70	9,870	2,5830	469,0	0,9310	86,10	126,0
72	10,152	2,6568	482,4	0,9576	88,56	129,6
74	10,434	2,7306	495,8	0,9842	91,02	133,2
76	10,716	2,8044	509,2	1,0108	93,48	136,8
78	10,998	2,8782	522,6	1,0374	95,94	140,4
80	11,280	2,9520	536,0	1,0640	98,40	144,0
82	11,562	3,0258	549,4	1,0906	100,86	147,6
84	11,844	3,0996	562,8	1,1172	103,32	151,2
86	12,126	3,1734	576,2	1,1438	105,78	154,8
88	12,408	3,2472	589,6	1,1704	108,24	158,4
90	12,690	3,3210	603,0	1,1970	110,70	162,0

Zellen-anzahl	Kapazität Kilowatt-stunden	Zulässige Belastung Kilowatt	Gewicht kg	Grund-fläche qm	Mittlere Entlade-spannung Volt	Maximale Lade-spannung Volt
92	12,972	3,3948	616,4	1,2236	113,16	165,6
94	13,254	3,4686	629,8	1,2502	115,62	169,2
96	13,536	3,5424	643,2	1,2768	118,08	172,8
98	13,818	3,6162	656,6	1,3034	120,54	176,4
100	14,100	3,6900	670,0	1,3300	123,00	180,0

Tabelle VI.

Technische Daten der Edisonzelle Type O 18. Kapazität = 76 Amperestunden. Normale Entladestromstärke = 20 Amp. Normale Ladestromstärke = 30 Amp.

Zellen-anzahl	Kapazität Kilowatt-stunden	Zulässige Belastung Kilowatt	Gewicht kg	Grund-fläche qm	Mittlere Entlade-spannung Volt	Maximale Lade-spannung Volt
1	0,093	0,0246	4,6	0,0133	1,23	1,8
2	0,186	0,0492	9,2	0,0266	2,46	3,6
3	0,279	0,0738	13,8	0,0399	3,69	5,4
4	0,372	0,0984	18,4	0,0532	4,92	7,2
5	0,465	0,1230	23,0	0,0665	6,15	9,0
6	0,558	0,1476	27,6	0,0798	7,38	10,8
7	0,651	0,1722	32,2	0,0931	8,61	12,6
8	0,744	0,1968	36,8	0,1064	9,84	14,4
9	0,837	0,2214	41,4	0,1197	11,07	16,2
10	0,930	0,2460	46,0	0,1330	12,30	18,0
11	1,023	0,2706	50,6	0,1463	13,53	19,8
12	1,116	0,2952	55,2	0,1596	14,76	21,6
14	1,302	0,3444	64,4	0,1862	17,22	25,2
16	1,488	0,3936	73,6	0,2128	19,68	28,8
18	1,674	0,4428	82,8	0,2394	22,14	32,4
20	1,860	0,4920	92,0	0,2660	24,60	36,0
22	2,046	0,5412	101,2	0,2926	27,06	39,6
24	2,232	0,5904	110,4	0,3192	29,52	43,2
26	2,418	0,6396	119,6	0,3458	31,98	46,8
28	2,604	0,6888	128,8	0,3724	34,44	50,4
30	2,790	0,7380	138,0	0,3990	36,90	54,0
32	2,976	0,7872	147,2	0,4256	39,36	57,6
34	3,162	0,8364	156,4	0,4522	41,82	61,2
36	3,348	0,8856	165,6	0,4788	44,28	64,8
38	3,534	0,9348	174,8	0,5054	46,74	68,4
40	3,720	0,9840	184,0	0,5320	49,20	72,0
42	3,906	1,0332	193,2	0,5586	51,66	75,6
44	4,092	1,0824	202,4	0,5852	54,12	79,2
46	4,278	1,1316	211,6	0,6118	56,58	82,8
48	4,464	1,1808	220,8	0,6384	59,04	86,4

Zellenanzahl	Kapazität Kilowattstunden	Zulässige Belastung Kilowatt	Gewicht kg	Grundfläche qm	Mittlere Entladespannung Volt	Maximale Ladespannung Volt
50	4,650	1,2300	230,0	0,6650	61,50	90,0
52	4,836	1,2792	239,2	0,6916	63,96	93,6
54	5,022	1,3284	248,4	0,7182	66,42	97,2
56	5,208	1,3776	257,6	0,7448	68,88	100,8
58	5,394	1,4268	266,8	0,7714	71,34	104,4
60	5,580	1,4760	276,0	0,7980	73,80	108,0
62	5,766	1,5252	285,2	0,8246	76,26	111,6
64	5,952	1,5744	294,4	0,8512	78,72	115,2
66	6,138	1,6236	303,6	0,8778	81,18	118,8
68	6,324	1,6728	312,8	0,9044	83,64	122,4
70	6,510	1,7220	322,0	0,9310	86,10	126,0
72	6,696	1,7712	331,2	0,9576	88,56	129,6
74	6,882	1,8204	340,4	0,9842	91,02	133,2
76	7,068	1,8696	349,6	1,0108	93,48	136,8
78	7,254	1,9188	358,8	1,0374	95,94	140,4
80	7,440	1,9680	368,0	1,0640	98,40	144,0
82	7,626	2,0172	377,2	1,0906	100,86	147,6
84	7,812	2,0664	386,4	1,1172	103,32	151,2
86	7,998	2,1156	395,6	1,1438	105,78	154,8
88	8,184	2,1648	404,8	1,1704	108,24	158,4
90	8,370	2,2140	414,0	1,1970	110,70	162,0
92	8,556	2,2632	423,2	1,2236	113,16	165,6
94	8,742	2,3124	432,4	1,2502	115,62	169,2
96	8,928	2,3616	441,6	1,2768	118,08	172,8
98	9,114	2,4108	450,8	1,3034	120,54	176,4
100	9,300	2,4600	460,0	1,3300	123,00	180,0

Tabelle VII.

Technische Daten der Edisonzelle Type P 27. Kapazität = 58 Amperestunden. Normale Entladestromstärke = 15 Amp. Normale Ladestromstärke = 22 Amp.

Zellenanzahl	Kapazität Kilowattstunden	Zulässige Belastung Kilowatt	Gewicht kg	Grundfläche qm	Mittlere Entladespannung Volt	Maximale Ladespannung Volt
1	0,071	0,0184	4,15	0,0182	1,23	1,8
2	0,142	0,0368	8,30	0,0364	2,46	3,6
3	0,213	0,0552	12,45	0,0546	3,69	5,4
4	0,284	0,0736	16,60	0,0728	4,92	7,2
5	0,355	0,0920	20,75	0,0910	6,15	9,0
6	0,426	0,1104	24,90	0,1092	7,38	10,8
7	0,497	0,1288	29,05	0,1274	8,61	12,6
8	0,568	0,1472	33,20	0,1456	9,84	14,4

Zellenanzahl	Kapazität Kilowattstunden	Zulässige Belastung Kilowatt	Gewicht kg	Grundfläche qm	Mittlere Entladespannung Volt	Maximale Ladespannung Volt
9	0,639	0,1656	37,35	0,1638	11,07	16,2
10	0,710	0,1840	41,50	0,1820	12,30	18,0
11	0,781	0,2024	45,65	0,2002	13,53	19,8
12	0,852	0,2208	49,80	0,2184	14,76	21,6
14	0,994	0,2576	58,10	0,2548	17,22	25,2
16	1,136	0,2944	66,40	0,2912	19,68	28,8
18	1,278	0,3312	74,70	0,3276	22,14	32,4
20	1,420	0,3680	83,00	0,3640	24,60	36,0
22	1,562	0,4048	91,30	0,4004	27,06	39,6
24	1,704	0,4416	99,60	0,4368	29,52	43,2
26	1,846	0,4784	107,90	0,4732	31,98	46,8
28	1,988	0,5152	116,20	0,5096	34,44	50,4
30	2,130	0,5520	124,50	0,5460	36,90	54,0
32	2,272	0,5888	132,80	0,5824	39,36	57,6
34	2,414	0,6256	141,10	0,6188	41,82	61,2
36	2,556	0,6624	149,40	0,6552	44,28	64,8
38	2,698	0,6992	157,70	0,6916	46,74	68,4
40	2,840	0,7360	166,00	0,7280	49,20	72,0
42	2,982	0,7728	174,30	0,7644	51,66	75,6
44	3,124	0,8096	182,60	0,8008	54,12	79,2
46	3,266	0,8464	190,90	0,8372	56,58	82,8
48	3,408	0,8832	199,20	0,8736	59,04	86,4
50	3,550	0,9200	207,50	0,9100	61,50	90,0
52	3,692	0,9568	215,80	0,9464	63,96	93,6
54	3,834	0,9936	224,10	0,9828	66,42	97,2
56	3,976	1,0304	232,40	1,0192	68,88	100,8
58	4,118	1,0672	240,70	1,0556	71,34	104,4
60	4,260	1,1040	249,00	1,0920	73,80	108,0
62	4,402	1,1408	257,30	1,1284	76,26	111,6
64	4,544	1,1776	265.60	1,1648	78,72	115,2
66	4,686	1,2144	273,90	1,2012	81,18	118,8
68	4,828	1,2512	282,20	1,2376	83,64	122,4
70	4,970	1,2880	290,50	1,2740	86,10	126,0
72	5,112	1,3248	298,80	1,3104	88,56	129,6
74	5,254	1,3616	307,10	1,3468	91,02	133,2
76	5,396	1,3984	315,40	1,3832	93,48	136,8
78	5,538	1,4352	323,70	1,4196	95,94	140,4
80	5,680	1,4720	332,00	1,4560	98,40	144,0
82	5,822	1,5088	340,30	1,4924	100,86	147,6
84	5,964	1,5456	348,60	1,5288	103,32	151,2
86	6,106	1,5824	356,90	1,5652	105,78	154,8
88	6,248	1,6192	365,20	1,6016	108,24	158,4
90	6,390	1,6560	373,50	1,6380	110,70	162,0
92	6,532	1,6928	381,80	1,6744	113,16	165,6
94	6,674	1,7296	390,10	1,7108	115,62	169,2
96	6,816	1,7664	398,40	1,7472	118,08	172,8
98	6,958	1,8032	406,70	1,7836	120,54	176,4
100	7,100	1,8400	415,00	1,8200	123,00	180,0

Tabelle VIII.

Technische Daten der Edisonzelle Type P 18. Kapazität = 38 Amperestunden. Normale Entladestromstärke = 10 Amp. Normale Ladestromstärke = 15 Amp.

Zellenanzahl	Kapazität Kilowattstunden	Zulässige Belastung Kilowatt	Gewicht kg	Grundfläche qm	Mittlere Entladespannung Volt	Maximale Ladespannung Volt
1	0,047	0,0123	2,85	0,0133	1,23	1,8
2	0,094	0,0246	5,70	0,0266	2,46	3,6
3	0,141	0,0369	8,55	0,0399	3,69	5,4
4	0,188	0,0492	11,40	0,0532	4,92	7,2
5	0,235	0,0615	14,25	0,0665	6,15	9,0
6	0,282	0,0738	17,10	0,0798	7,38	10,8
7	0,329	0,0861	19,95	0,0931	8,61	12,6
8	0,376	0,0984	22,80	0,1064	9,84	14,4
9	0,423	0,1107	25,65	0,1197	11,07	16,2
10	0,470	0,1230	28,50	0,1330	12,30	18,0
11	0,517	0,1353	31,35	0,1463	13,53	19,8
12	0,564	0,1476	34,20	0,1596	14,76	21,6
14	0,658	0,1722	39,90	0,1862	17,22	25,2
16	0,752	0,1968	45,60	0,2128	19,68	28,8
18	0,846	0,2214	51,30	0,2394	22,14	32,4
20	0,940	0,2460	57,00	0,2660	24,60	36,0
22	1,034	0,2706	62,70	0,2926	27,06	39,6
24	1,128	0,2952	68,40	0,3192	29,52	43,2
26	1,222	0,3198	74,10	0,3458	31,98	46,8
28	1,316	0,3444	79,80	0,3724	34,44	50,4
30	1,410	0,3690	85,50	0,3990	36,90	54,0
32	1,504	0,3936	91,20	0,4256	39,36	57,6
34	1,598	0,4182	96,90	0,4522	41,82	61,2
36	1,692	0,4428	102,60	0,4788	44,28	64,8
38	1,786	0,4674	108,30	0,5054	46,74	68,4
40	1,880	0,4920	114,00	0,5320	49,20	72,0
42	1,974	0,5166	119,70	0,5586	51,66	75,6
44	2,068	0,5412	125,40	0,5852	54,12	79,2
46	2,162	0,5658	131,10	0,6118	56,58	82,8
48	2,256	0,5904	136,80	0,6384	59,04	86,4
50	2,350	0,6150	142,50	0,6650	61,50	90,0
52	2,444	0,6396	148,20	0,6916	63,96	93,6
54	2,538	0,6642	153,90	0,7182	66,42	97,2
56	2,632	0,6888	159,60	0,7448	68,88	100,8
58	2,726	0,7134	165,30	0,7714	71,34	104,4
60	2,820	0,7380	171,00	0,7980	73,80	108,0
62	2,914	0,7626	176,70	0,8246	76,26	111,6
64	3,008	0,7872	182,40	0,8512	78,72	115,2
66	3,102	0,8118	188,10	0,8778	81,18	118,8
68	3,196	0,8364	193,80	0,9044	83,64	122,4
70	3,290	0,8610	199,50	0,9310	86,10	126,0
72	3,384	0,8856	205,20	0,9576	88,56	129,6

Zellenanzahl	Kapazität Kilowattstunden	Zulässige Belastung Kilowatt	Gewicht kg	Grundfläche qm	Mittlere Entladespannung Volt	Maximale Ladespannung Volt
74	3,478	0,9102	210,90	0,9842	91,02	133,2
76	3,572	0,9348	216,60	1,0108	93,48	136,8
78	3,666	0,9594	222,30	1,0374	95,94	140,4
80	3,760	0,9840	228,00	1,0640	98,40	144,0
82	3,854	1,0086	233,70	1,0906	100,86	147,6
84	3,948	1,0332	239,40	1,1172	103,32	151,2
86	4,042	1,0578	245,10	1,1438	105,78	154,8
88	4,136	1,0824	250,80	1,1704	108,24	158,4
90	4,230	1,1070	256,50	1,1970	110,70	162,0
92	4,324	1,1316	262,20	1,2236	113,16	165,6
94	4,418	1,1562	267,90	1,2502	115,62	169,2
96	4,512	1,1808	273,60	1,2768	118,08	172,8
98	4,606	1,2054	279,30	1,3034	120,54	176,4
100	4,700	1,2300	285,00	1,3300	123,00	180,0

Tabelle IX.

Technische Daten der Edisonzelle Type P 9. Kapazität = 19 Amperestunden. Normale Entladestromstärke = 5 Amp. Normale Ladestromstärke = 7,5 Amp.

Zellenanzahl	Kapazität Wattstunden	Zulässige Belastung Watt	Gewicht kg	Grundfläche qcm	Mittlere Entladespannung Volt	Maximale Ladespannung Volt
1	23	6,15	2	83,1	1,23	1,8
2	46	12,30	4	166,2	2,46	3,6
3	69	18,45	6	249,3	3,69	5,4
4	92	24,60	8	332,4	4,92	7,2
5	115	30,75	10	415,5	6,15	9,0
6	138	36,90	12	498,6	7,38	10,8
7	161	43,05	14	581,7	8,61	12,6
8	184	49,20	16	664,8	9,84	14,4
9	207	55,35	18	747,9	11,07	16,2
10	230	61,50	20	831,0	12,30	18,0
11	253	67,65	22	914,1	13,53	19,8
12	276	73,80	24	997,2	14,76	21,6
14	322	86,10	28	1163,4	17,22	25,2
16	368	98,40	32	1329,6	19,68	28,8
18	414	110,70	36	1495,8	22,14	32,4
20	460	123,00	40	1662,0	24,60	36,0
22	506	135,30	44	1828,2	27,06	39,6
24	552	147,60	48	1994,4	29,52	43,2
26	598	159,90	52	2160,6	31,98	46,8
28	644	172,20	56	2326,8	34,44	50,4
30	690	184,50	60	2493,0	36,90	54,0
32	736	196,80	64	2659,2	39,36	57,6

Zellenanzahl	Kapazität Wattstunden	Zulässige Belastung Watt	Gewicht kg	Grundfläche qcm	Mittlere Entladespannung Volt	Maximale Ladespannung Volt
34	782	209,10	68	2825,4	41,82	61,2
36	828	221,40	72	2991,6	44,28	64,8
38	874	233,70	76	3157,8	46,74	68,4
40	920	246,00	80	3324,0	49,20	72,0
42	966	258,30	84	3490,2	51,66	75,6
44	1012	270,60	88	3656,4	54,12	79,2
46	1058	282,90	92	3822,6	56,58	82,8
48	1104	295,20	96	3988,8	59,04	86,4
50	1150	307,50	100	4155,0	61,50	90,0
52	1196	319,80	104	4321,2	63,96	93,6
54	1242	332,10	108	4487,4	66,42	97,2
56	1288	344,40	112	4653,6	68,88	100,8
58	1334	356,70	116	4819,8	71,34	104,4
60	1380	369,00	120	4986,0	73,80	108,0
62	1426	381,30	124	5152,2	76,26	111,6
64	1472	393,60	128	5318,4	78,72	115,2
66	1518	405,90	132	5484,6	81,18	118,8
68	1564	418,20	136	5650,8	83,64	122,4
70	1610	430,50	140	5817,0	86,10	126,0
72	1656	442,80	144	5983,2	88,56	129,6
74	1702	455,10	148	6149,4	91,02	133,2
76	1748	467,40	152	6315,6	93,48	136,8
78	1794	479,70	156	6481,8	95,94	140,4
80	1840	492,00	160	6648,0	98,40	144,0
82	1886	504,30	164	6814,2	100,86	147,6
84	1932	516,60	168	6980,4	103,32	151,2
86	1978	528,90	172	7146,6	105,78	154,8
88	2024	541,20	176	7312,8	108,24	158,4
90	2070	553,50	180	7479,0	110,70	162,0
92	2116	565,80	184	7645,2	113,16	165,6
94	2162	578,10	188	7811,4	115,62	169,2
96	2208	590,40	192	7977,6	118,08	172,8
98	2254	602,70	196	8143,8	120,54	176,4
100	2300	615,00	200	8310,0	123,00	180,0

Tabelle X.

Technische Daten der Edisonzelle Type Kf 12/5. Kapazität = 16 Amperestunden. Normale Entladestromstärke = 4 Amp. Normale Ladestromstärke = 6 Amp.

Zellenanzahl	Kapazität Wattstunden	Zulässige Belastung Watt	Gewicht kg	Grundfläche qcm	Mittlere Entladespannung Volt	Maximale Ladespannung Volt
1	19,6	5	1,2	51,8	1,23	1,8
2	39,2	10	2,4	103,6	2,46	3,6
3	58,8	15	3,6	155,4	3,69	5,4

Zellen-anzahl	Kapazität Watt-stunden	Zulässige Belastung Watt	Gewicht kg	Grund-fläche qcm	Mittlere Entlade-spannung Volt	Maximale Lade-spannung Volt
4	78,4	20	4,8	207,2	4,92	7,2
5	98,0	25	6,0	259,0	6,15	9,0
6	117,6	30	7,2	310,8	7,38	10,8
7	137,2	35	8,4	362,6	8,61	12,6
8	156,8	40	9,6	414,4	9,84	14,4
9	176,4	45	10,8	466,2	11,07	16,2
10	196,0	50	12,0	518,0	12,30	18,0
11	215,6	55	13,2	569,8	13,53	19,8
12	235,2	60	14,4	621,6	14,76	21,6
14	274,4	70	16,8	725,2	17,22	25,2
16	313,6	80	19,2	828,8	19,68	28,8
18	352,8	90	21,6	932,4	22,14	32,4
20	392,0	100	24,0	1036,0	24,60	36,0
22	431,2	110	26,4	1139,6	27,06	39,6
24	470,4	120	28,8	1243,2	29,52	43,2
26	509,6	130	31,2	1346,8	31,98	46,8
28	548,8	140	33,6	1450,4	34,44	50,4
30	588,0	150	36,0	1554,0	36,90	54,0
32	627,2	160	38,4	1657,6	39,36	57,6
34	666,4	170	40,8	1761,2	41,82	61,2
36	705,6	180	43,2	1864,8	44,28	64,8
38	744,8	190	45,6	1968,4	46,74	68,4
40	784,0	200	48,0	2072,0	49,20	72,0
42	823,2	210	50,4	2175,6	51,66	75,6
44	862,4	220	52,8	2279,2	54,12	79,2
46	901,6	230	55,2	2382,8	56,58	82,8
48	940,8	240	57,6	2486,4	59,04	86,4
50	980,0	250	60,0	2590,0	61,50	90,0
52	1019,2	260	62,4	2693,6	63,96	93,6
54	1058,4	270	64,8	2797,2	66,42	97,2
56	1097,6	280	67,2	2900,8	68,88	100,8
58	1136,8	290	69,6	3004,4	71,34	104,4
60	1176,0	300	72,0	3108,0	73,80	108,0
62	1215,2	310	74,4	3211,6	76,26	111,6
64	1254,4	320	76,8	3315,2	78,72	115,2
66	1293,6	330	79,2	3418,8	81,18	118,8
68	1332,8	340	81,6	3522,4	83,64	122,4
70	1372,0	350	84,0	3626,0	86,10	126,0
72	1411,2	360	86,4	3729,6	88,56	129,6
74	1450,4	370	88,8	3833,2	91,02	133,2
76	1489,6	380	91,2	3936,8	93,48	136,8
78	1528,8	390	93,6	4040,4	95,94	140,4
80	1568,0	400	96,0	4144,0	98,40	144,0
82	1607,2	410	98,4	4247,6	100,86	147,6
84	1646,4	420	100,8	4351,2	103,32	151,2
86	1685,6	430	103,2	4454,8	105,78	154,8
88	1724,8	440	105,6	4558,4	108,24	158,4
90	1764,0	450	108,0	4662,0	110,70	162,0

Zellenanzahl	Kapazität Wattstunden	Zulässige Belastung Watt	Gewicht kg	Grundfläche qcm	Mittlere Entladespannung Volt	Maximale Ladespannung Volt
92	1803,2	460	110,4	4765,6	113,16	165,6
94	1842,4	470	112,8	4869,2	115,62	169,2
96	1881,6	480	115,2	4972,8	118,08	172,8
98	1920,8	490	117,6	5076,4	120,54	176,4
100	1960,0	500	120,0	5180,0	123,00	180,0

Tabelle XI.

Technische Daten der Edisonzelle Type Kf 6/5. Kapazität = 8 Amperestunden. Normale Entladestromstärke = 2 Amp. Normale Ladestromstärke = 3 Amp.

Zellenanzahl	Kapazität Wattstunden	Zulässige Belastung Watt	Gewicht kg	Grundfläche qcm	Mittlere Entladespannung Volt	Maximale Ladespannung Volt
1	9,8	2,5	0,65	29,9	1,23	1,8
2	19,6	5,0	1,30	59,8	2,46	3,6
3	29,4	7,5	1,95	89,7	3,69	5,4
4	39,2	10,0	2,60	119,6	4,92	7,2
5	49,0	12,5	3,25	149,5	6,15	9,0
6	58,8	15,0	3,90	179,4	7,38	10,8
7	68,6	17,5	4,55	209,3	8,61	12,6
8	78,4	20,0	5,20	239,2	9,84	14,4
9	88,2	22,5	5,85	269,1	11,07	16,2
10	98,0	25,0	6,50	299,0	12,30	18,0
11	107,8	27,5	7,15	328,9	13,53	19,8
12	117,6	30,0	7,80	358,8	14,76	21,6
14	137,2	35,0	9,10	418,6	17,22	25,2
16	156,8	40,0	10,40	478,4	19,68	28,8
18	176,4	45,0	11,70	538,2	22,14	32,4
20	196,0	50,0	13,00	598,6	24,60	36,0
22	215,6	55,0	14,30	657,8	27,06	39,6
24	235,2	60,0	15,60	717,6	29,52	43,2
26	254,8	65,0	16,90	777,4	31,98	46,8
28	274,4	70,0	18,20	837,2	34,44	50,4
30	294,0	75,0	19,50	897,0	36,90	54,0
32	313,6	80,0	20,80	956,8	39,36	57,6
34	333,2	85,0	22,10	1016,6	41,82	61,2
36	352,8	90,0	23,40	1076,4	44,28	64,8
38	372,4	95,0	24,70	1136,2	46,74	68,4
40	392,0	100,0	26,00	1196,0	49,20	72,0
42	411,6	105,0	27,30	1255,8	51,66	75,6
44	431,2	110,0	28,60	1315,6	54,12	79,2
46	450,8	115,0	29,90	1375,4	56,58	82,8
48	470,4	120,0	31,20	1435,2	59,04	86,4
50	490,0	125,0	32,50	1495,0	61,50	90,0

Zellen-anzahl	Kapazität Watt-stunden	Zulässige Belastung Watt	Gewicht kg	Grund-fläche qcm	Mittlere Entlade-spannung Volt	Maximale Lade-spannung Volt
52	509,6	130,0	33,80	1554,8	63,96	93,6
54	529,2	135,0	35,10	1614,6	66,42	97,2
56	548,8	140,0	36,40	1674,4	68,88	100,8
58	568,4	145,0	37,70	1734,2	71,34	104,4
60	588,0	150,0	39,00	1794,0	73,80	108,0
62	607,6	155,0	40,30	1853,8	76,26	111,6
64	627,2	160,0	41,60	1913,6	78,72	115,2
66	646,8	165,0	42,90	1973,4	81,18	118,8
68	666,4	170,0	44,20	2033,2	83,64	122,4
70	686,0	175,0	45,50	2093,0	86,10	126,0
72	705,6	180,0	46,80	2152,8	88,56	129,6
74	725,2	185,0	48,10	2212,6	91,02	133,2
76	744,8	190,0	49,40	2272,4	93,48	136,8
78	764,4	195,0	50,70	2332,2	95,94	140,4
80	784,0	200,0	52,00	2392,0	98,40	144,0
82	803,6	205,0	53,30	2451,8	100,86	147,6
84	823,2	210,0	54,60	2511,6	103,32	151,2
86	842,8	215,0	55,90	2571,4	105,78	154,8
88	862,4	220,0	57,20	2631,2	108,24	158,4
90	882,0	225,0	58,50	2691,0	110,70	162,0
92	901,6	230,0	59,80	2750,8	113,16	165,6
94	921,2	235,0	61,10	2810,6	115,62	169,2
96	940,8	240,0	62,40	2870,4	118,08	172,8
98	960,4	245,0	63,70	2930,2	120,54	176,4
100	980,0	250,0	65,00	2990,0	123,00	180,0

Bleiakkumulator contra Edisonakkumulator.

Die Einführung der Edisonzelle in die Praxis bedeutet eine Umwälzung auf einem Gebiet, das bisher ausschließlich dem Säureakkumulator vorbehalten war. Schon dieser Umstand würde genügen, um zu erklären, daß und warum der Edisonakkumulator von vielen Seiten unfreundlich beurteilt wird. Hinzu kommt, daß auf Grund von Untersuchungen an einzelnen Zellen und Batterien, bei denen scheinbar ungünstige Resultate erzielt wurden, Berichte in die Öffentlichkeit kamen, die ganz geeignet waren, ein unrichtiges Bild von der Edisonzelle entstehen zu lassen. Nicht nur die noch vielfach herrschende Unklarheit über das Wesen, die Konstruktion und Bedeutung der neuen Zelle, sondern auch einige von anderer Seite mit negativem Erfolg unternommene Versuche, eine brauchbare alkalische Sekundärbatterie zu schaffen. verwirrten die Sachlage und ließen es zu Verwechslungen kommen, bei denen man dem Edisonakkumulator Eigenschaften und Fehler zuschrieb, die er nicht besitzt. Alle diese auf unrichtigen Voraussetzungen beruhenden Behauptungen einzeln richtig zu stellen, ist nicht möglich, doch mögen die hauptsächlichsten Irrtümer generell erörtert werden.

Gegenüber der Bleizelle soll die Edisonzelle, wie vielfach behauptet wurde — und zwar behauptet, ohne auch nur den Versuch einer gründlichen Beweisführung zu machen —, folgende Nachteile aufweisen:

1. Verlauf und Endpunkt der Ladung und Entladung sollen nicht genau zu bestimmen sein.
2. Es soll mit außerordentlich hoher Selbstentladung zu rechnen sein.
3. Das Gewicht soll nicht nur nicht geringer, sondern höher sein, als dasjenige von „leicht“ gebauten Bleizellen für transportable Zwecke.
4. Der Platzbedarf soll größer sein wie bei „leicht“ gebauten Bleizellen.
5. Der Nutzeffekt soll wesentlich geringer sein wie bei Bleizellen.
6. Der Preis soll zu hoch sein im Vergleich zur Bleizelle.

Um zu untersuchen, ob und wieweit diese gegen die Edisonzelle gemachten Einwendungen zutreffen, ist es notwendig, des näheren auf die Konstruktionsprinzipien und das Verhalten des Bleiakkumulators im praktischen Betriebe einzugehen.

1. Anzeichen für Ladung und Entladung.

Nach den Angaben der vorhandenen Literatur sind bei Ladung eines Bleiakkumulators in Rücksicht zu ziehen Gasentwicklung, Spannung und Säurekonzentration. Eine genaue Vorschrift, wieviel Ladeenergie in Watt-Std. einer bestimmten, bis zur normalen Grenze entladenen Bleizelle zwecks genügender Aufladung zugeführt werden soll oder muß, wird nicht gegeben. Es würde auch nicht möglich sein, die aufzuwendende Ladeenergie mit einiger Sicherheit vorher zu bestimmen, da in jeder aus einer größeren Anzahl von Bleizellen bestehenden Batterie damit gerechnet werden muß, daß einzelne Zellen vom normalen Verhalten hin und wieder abweichen. Das am wenigsten irreführende Zeichen der beendeten Ladung soll die lebhaft einsetzende Gasentwicklung sämtlicher Zellen einer Batterie sein. Das Gasen beginnt bei einer Spannung der Zelle von etwa 2,3 Volt und erreicht sein Maximum bei etwa 2,7 Volt. Die hierbei und namentlich bei noch weiter fortgesetzter Ladung stattfindende starke Bewegung des Elektrolyten wird für nützlich gehalten, um auch die letzten Spuren schädlichen Bleisulfats zu beseitigen.

So bemerkt Heim[1]):

„Die Grenze, bei welcher die normale Ladung als beendigt anzusehen ist, steht nicht so sicher fest wie diejenige der Entladung. Jedenfalls genügt es aber nicht, stets nur bis zum Beginn einer mäßigen Gasentwicklung zu laden, sondern um die Platten in dauernd gutem, frischem Zustande zu erhalten, ist öfter die Fortsetzung einer Ladung bis zur starken Gasbildung, die sich durch ein milchiges Aussehen der Flüssigkeit zu erkennen gibt, erforderlich."

Allerdings sind die Ansichten über das „Überladen" geteilt und sagt zum Beispiel Hoppe[2]):

„Um dieser schädlichen Sulfatbildung entgegenzuwirken, haben ja, wie schon erwähnt, manche Fabrikanten ein häufiges Überladen der ganzen Batterie empfohlen. Freilich kann durch Überladen eine im Entstehen begriffene Sulfatschicht beseitigt werden, indem das ‚Kochen' die Funktion der von mir empfohlenen Drahtbürsten übernimmt und gleichzeitig das Formieren besorgt. Allein warum sollen alle ordnungsmäßigen Platten für den einen Übeltäter mit leiden? Das bessere Rezept ist hier offenbar das von Schenelz empfohlene, durch Einzelmessung der Spannung jeder Zelle festzustellen, welche Zelle schadhaft ist und dann die Zelle während des Ladens stets einzuschalten, während des Entladens aber auszuschalten. So wird diese kranke Zelle allein behandelt, sie wird so lange nachformiert, bis sie den anderen wieder gleichsteht und kann dann wieder in die gewöhnliche Betriebsart aufgenommen werden. Freilich gelingt es nicht immer, die Sulfatschicht so zu beseitigen; dann müssen die Platten herausgenommen und gereinigt werden."

Vorschrift ist in jedem Falle, daß während der Aufladung sämtliche Zellen einer Bleibatterie beobachtet werden, um mög-

---

[1]) Die Akkumulatoren für stationäre elektrische Anlagen. Heim, Leipzig 1906, S. 7.

[2]) Die Akkumulatoren für Elektrizität. Hoppe, Berlin 1898, N. 335, 336.

lichst rechtzeitig zu konstatieren, ob eine oder die andere Zelle abnormales Verhalten zeigt. Tritt die Gasentwicklung zu frühzeitig auf, so ist auf eine Fehlerquelle zu schließen, die in Vorhandensein schädlicher Sulfate bestehen kann, wodurch erhöhter Widerstand bedingt wird. Ein teilweises oder gänzliches Ausbleiben der Gasbildung weist auf Kurzschluß zwischen den Platten hin. Um in solchen Fällen Klarheit zu schaffen, wird Beobachtung der Konzentration empfohlen. Das Steigen der Dichtigkeit des Elektrolyten bei Ladung kann durch Areometer, die zwischen die Platten einzutauchen sind, verfolgt werden. Um eine gute Kontrolle der Zellen während der Ladung auszuüben, empfiehlt Hoppe[1]), „eine größere Anzahl von Areometern auf die Zellen einer Batterie zu verteilen, resp. jede Zelle mit einem solchen auszurüsten".

Das sind Vorschläge für Überwachung des Ladevorganges, deren auch nur teilweise Befolgung ein hohes Maß von Sorgfalt voraussetzt. Ferner ist es auf keinen Fall statthaft, die Ladung vorzeitig zu unterbrechen, auch wenn bei der nachfolgenden Entladung die Leistung der Bleibatterie nur zu einem geringen Teil ausgenutzt wird; es ist vielmehr unbedingt notwendig, die Ladung bis zur Aufnahmefähigkeit, bis zur starken Gasentwicklung durchzuführen, da nur auf diese Weise Aufkommen schädlichen Sulfats verhindert werden kann.

Bei stationären Bleiakkumulatoren, bei freiliegender Oberfläche des Elektrolyten lassen sich die vorerwähnten Messungen und Beobachtungen durchführen. Schwieriger wird die Sachlage, wenn es sich um Batterien für transportable Zwecke mit mehr oder weniger dichtem Abschluß handelt. Bei diesen kann man eventuell Eintreten und Verlauf der Gasentwicklung verfolgen durch Abhorchen des mit dem Aufsteigen der Gasblasen verbundenen Geräusches[2]). Die Spannungsmessung ist meistens nicht erschwert, wohl aber die Untersuchung des Elektrolyten. Auch wenn der Deckel der Zelle eine Öffnung enthält, groß genug, um ein Areometer einzuführen, so kann letzteres durchweg in die Zelle nicht eingesetzt werden, weil die bei transportablen Bleizellen zwischen den Platten vorgesehenen Zwischenräume zu klein hierfür bemessen, vielfach durch Isoliermaterial ausgefüllt

[1]) Die Akkumulatoren für Elektrizität. Hoppe, Berlin 1898, S. 331.
[2]) Die Akkumulatoren. Elbs, Leipzig 1908, S. 34.

sind. Es bleibt dann nur übrig, einzelnen Zellen einen Teil des Elektrolyten mittels Saugheber zu entnehmen und die Dichtigkeit der Säure außerhalb der Zellen festzustellen. Da die Zirkulation des Elektrolyten in den eng gebauten Bleizellen erschwert ist, die Dichtigkeit der Säure von unten nach oben in der Zelle abnimmt, so ist das bei einer derartigen Messung erhaltene Bild weniger einwandsfrei, wie bei einer Zelle für stationäre Zwecke. Noch ungenauer wird das Resultat, wenn ein Teil der Zellen gegenüber dem Rest abweichende Temperatur aufweist, da hierdurch notwendigerweise die Zuverlässigkeit der Messung mittels des Areometers, das für eine bestimmte Temperatur geeicht ist, Einbuße erleidet.

Nun sind aber beträchtliche Temperaturschwankungen innerhalb einer Batterie, die zum Beispiel zum Betriebe eines Elektromobils dient, nichts Außergewöhnliches. Es bleibt in solchen Fällen nur übrig, beim Messen der Konzentration des Elektrolyten gleichzeitig auch seine Temperatur durch ein Thermometer zu bestimmen. Setzt die Feststellung der Ladegrenze, die Kontrolle aller zu einer Batterie vereinigten Zellen schon beim stationären Bleiakkumulator eine gute Schulung des Batteriewärters voraus, so erfordert die Ladung der transportablen Bleibatterie, soll sie nach Vorschrift und regelrecht durchgeführt werden, eine Summe von Erfahrung und Umsicht, die es nicht mehr gestattet, von einem „einfachen" elektrischen Betrieb zu reden.

Mit gleicher oder möglichst noch größerer Vorsicht ist bei Entladung des Bleiakkumulators zu verfahren. Hier gilt es vor allem, dafür zu sorgen, daß die zulässige Entladegrenze nicht unterschritten wird. Je nach der Bauart und Beanspruchung der Bleizelle werden voneinander abweichende Vorschriften bezüglich der Spannung gegeben, bis zu der eine Zelle entladen werden darf. Die untere Grenze schwankt bei stationären Bleizellen zwischen etwa 1,85 und 1,7 Volt, entsprechend einer Entladezeit von etwa 10 Stunden bis zu einer Stunde. Bei transportablen Zellen liegen die Grenzwerte etwas höher infolge der für solche Zwecke benutzten Schwefelsäure von höherem, spezifischem Gewicht. Der während der Entladung langsam fortschreitende Spannungsabfall beträgt — abgesehen von den ersten 10 Minuten — ca. 8%, soll über 10% möglichst nicht fortgesetzt werden, da hiernach bei weiterer Stromentnahme rapider Abfall der Spannung eintritt und die Bleizelle gefährdet ist. In streng geregelten stationären Betrieben, namentlich solchen größeren Umfanges, bestehen im allgemeinen keine Schwierigkeiten bezüglich Einhalten der Betriebsvorschriften. Der Betrieb kann meistens mühelos derart gehandhabt werden, daß die Entladung rechtzeitig unterbrochen wird und eine unzulässige Erschöpfung der Batterie nicht eintritt. Das Bild ändert sich jedoch, sobald kleinere Anlagen und solche mit unregelmäßiger Stromentnahme in Frage kommen oder dort, wo es an durchaus sachkundigem und intelligentem Personal fehlt. Schon eine einzige zu weit fortgesetzte Entladung des Bleiakkumulators wird als schädlich bezeichnet, führt unter Umständen zu dem mit Recht gefürchteten Verbiegen der Platten oder zur Bildung schädlichen Sulfats[1]). In gleicher Weise ist die Bleizelle gefährdet, falls die sofortige Aufladung nach Entladung bis zur normalen Grenze aus irgendeinem Grunde nicht stattfindet oder wenn gar die unvorschriftsmäßig tief entladene Zelle in diesem Zustande auch nur einige Tage belassen wird.

Bei diesem Verhalten der Bleizelle ist es erklärlich, wenn so großer Wert darauf gelegt wird, daß eine zu tiefe Entladung unterbleibt. Oft genug ist es jedoch durch die Eigenart des Betriebes bedingt, daß die Entladegrenze unterschritten wird, weil es Schwierigkeiten bereitet, festzustellen, bis zu welchem Grade die Zelle entladen ist. Wohl stellt die Spannung der Bleizelle ein bequemes Mittel dar, den Verlauf der Entladung zu verfolgen, aber nur so lange, als die Messung bei einer bestimmten, je nach Größe und Bauart der Zelle variablen Stromdichte erfolgt. Ist zum Beispiel in gegebenem Falle die untere Entladegrenze bei Belastung mit normaler Stromstärke nahezu erreicht, so wird eine Kontrolle mittels Voltmeter das unschwer erkennen lassen. Diese Erkennungsmethode versagt jedoch, wenn die Batterie mehr oder weniger entlastet, die Entladestromstärke bei der Messung eine im Verhältnis zur normalen Stromdichte nur geringe ist. Die Spannung des Akkumulators „erholt" sich dann und zeigt höhere Werte, die leicht zu einer Täuschung über den Entladezustand führen. Unter solchen Umständen ist es er-

[1]) Die Akkulumatoren für stationäre elektrische Anlagen. Heim, Leipzig 1906, S. 52.

forderlich, bei der Bleizelle neben der Spannung auch die Konzentration des Elektrolyten zu berücksichtigen. Sind die Grenzwerte der Dichtigkeit der Schwefelsäure, die keine feststehenden Zahlen für alle Fälle sind, bekannt, so läßt sich aus der Konzentration der Säure, verglichen mit der Zellenspannung und der während der Messung vorhandenen Stromdichte, ein Urteil über den Entladezustand der Batterie fällen. Das gilt wie bei der Entladung so auch bei der Ladung für Bleizellen mit freiliegendem Elektrolyten, bei denen ein Eintauchen des Areometers in die Säure möglich ist. Handelt es sich um Bleibatterien für transportable Zwecke, so gestaltet sich das Messen der Konzentration des Elektrolyten umständlich und zeitraubend, ohne dabei stets einwandfreie Resultate zu ergeben. Es bleibt dort meistens nur das Mittel der Spannungsmessung übrig, zumal während des Betriebes — zum Beispiel bei Lokomotiven, Elektromobilen usw. —, die Zellen durchweg überhaupt nicht zugänglich sind und die Prüfung der Säure auf Dichtigkeit an und für sich nicht stattfinden kann. Eine Sicherheit gegen zu tiefe Entladung bei transportablen Bleizellen besteht darin, daß die Leistungsfähigkeit der Batterie nur zum Teil ausgenutzt und die Aufladung vorgenommen wird, bevor die zulässige tiefste Spannung erreicht ist. Letzteres läßt sich bei vorsichtiger Betriebsführung dort, wo es sich um größere Batterien für Fahrzeuge usw. handelt, noch durchführen, da bei solchen Anlagen — Lokomotiven, Booten, Elektromobilen usw. — Spannungs- und Strommesser durchweg vorgesehen werden, die eine Kontrolle der jeweiligen Belastung und Gesamtspannung gestatten. In der weitaus überwiegenden Zahl der Fälle aber, in denen Sekundärzellen zur Anwendung gelangen, ist eine fortlaufende Überwachung der Batterien durch in den Stromkreis geschaltete Meßinstrumente überhaupt ausgeschlossen. Es sind das die geradezu zahllos zu nennenden Batterien kleinen und kleinsten Umfanges, von denen nur die für Beleuchtung von Fahrzeugen verschiedenster Art, für medizinische Zwecke, als Zündbatterien, zum Antrieb der Motoren von Musikwerken und zu Handlampen gebrauchten erwähnt sein mögen. Bei diesen sogenannten „Kleinakkumulatoren“ bedingt mit wenigen seltenen Ausnahmen schon die Art der Anwendung, daß von der Benutzung von Meßinstrumenten abgesehen werden muß. Die Entladung wird bei derartigen Akkumulatoren in der

Regel so lange fortgesetzt, bis nach Unterschreiten der Spannungsgrenze der Betrieb nicht weiter aufrecht erhalten werden kann. Sofortige Aufladung, die für Erhaltung der Bleibatterien erste Bedingung ist, kann oft genug nicht stattfinden; die Folgen sind frühzeitiges Zerstören der Bleizellen, kostspielige Reparaturen oder die Notwendigkeit, neue Batterien nach verhältnismäßig kurzer Dienstzeit zu beschaffen.

Bei der Edisonzelle ist mit all diesen, den Bleiakkumulator ständig bedrohenden Gefahren nicht zu rechnen und gestaltet sich die Überwachung, das Erkennen der Lade- und Entladegrenze höchst einfach. Wie auf Seite 42 näher erläutert, steigt bei Anwendung der normalen Ladestromstärke die Spannung der Edisonzelle gegen Ende der Ladung auf 1,8 Volt und ist es nur nötig, nach Erreichen dieser Endspannung die Ladung 30—45 Minuten fortzusetzen, um sicher zu sein, daß die Batterie bis zur normalen Grenze aufgeladen ist. Eine Kontrolle der Dichtigkeit des Elektrolyten erübrigt sich, da diese während des ganzen Verlaufes der Ladung auf gleicher Stufe bleibt, wenigstens merkbare Veränderungen nicht zeigt. Statt die Grenze der Ladespannung zu beobachten, kann auch — und das ist die in der Praxis übliche Methode — nach Zeit aufgeladen werden, wenn bekannt ist, wie weit die Batterie entladen wurde. Geht der Aufladung eine Entladung bis zur normalen Grenze voraus, so ist die Ladung bei normaler Ladestromstärke in $3^3/_4$ Stunden beendet. Soll die Batterie bei der nachfolgenden Entladung nur einen Bruchteil ihrer Kapazität hergeben, ist es also nicht nötig oder nicht erwünscht, die Aufladung bis zur normalen Aufnahmefähigkeit durchzuführen, so kann die Ladung beliebig abgekürzt, an Ladeenergie gespart werden. Als Faustregel gilt dann, daß für jede Stunde Entladezeit — bei normaler Entladestromstärke — eine Stunde aufzuladen ist und zwar ebenfalls mit normaler Ladestromstärke. Ist schon in dieser Weise die Möglichkeit gegeben, die Ladung den Anforderungen des Betriebes in weitestem Maße anzupassen und Vergeudung von Ladeenergie zu verhindern, so gibt es bei der Edisonzelle noch ein weiteres Mittel, das gestattet, mit ausreichender Genauigkeit die erforderliche Ladeenergie zu bestimmen und zu begrenzen. Es besteht dies Mittel in dem Einschalten eines Amperestundenzählers bei Ladung und Entladung. Da Stromschwankungen bei Entladung die Amperestunden-

Kapazität der Edisonzelle nicht beeinflussen, so läßt sich unschwer bestimmen, wieviel Amp.-Std. die Aufladung erfordert, sobald durch den Elektrizitätszähler bei der voraufgegangenen Entladung die entnommene Strommenge festgestellt wurde. Ist zum Beispiel eine normal aufgeladene Edisonbatterie von 175 Amp.-Std. Kapazität — H 27 — nach Angabe des Zählers mit 90 Amp.-Std. beansprucht worden, so genügt eine zweistündige Aufladung mit der normalen Ladestromstärke — 65 Amp. —, um die Ladung zu beenden.

Mit der gleichen Sicherheit, mit der die Ladung sich auf das erforderliche Maß begrenzen läßt, kann auch bei Entladung die normale Entladegrenze eingehalten werden. Ist nach ca. 15 Minuten Dauer die Überspannung der Edisonzelle — bei Entladung mit normaler Stromstärke — beseitigt, so fällt die Spannung langsam gegen Ende der normalen Entladung um 10% ab. Eine weiter fortgesetzte Entladung läßt in ca. 30 Minuten die Spannung weit schneller und zwar nochmals um ca. 10% abfallen, so daß bei Lichtbetrieben schon die dunkler brennenden Lampen, bei Motorenbetrieb die verringerte Umdrehungszahl der angetriebenen Maschinen, ganz abgesehen vom Spannungsmesser, darauf hinweisen, daß die normale Entladung beendet ist.

Da die Edisonzelle gleich wie gegen Überladung auch gegen tiefe Entladungen unempfindlich ist, so ist es erklärlich, daß die Überwachung in bezug auf Lade- und Entladegrenze keinerlei Schwierigkeiten bereitet und daß der Betrieb der Edisonzelle sich in dieser Hinsicht weit einfacher und sicherer gestaltet, wie bei der äußerst empfindlichen Bleizelle.

2. Selbstentladung.

Läßt man eine geladene Bleibatterie unbenutzt längere Zeit stehen, so tritt durch Selbstentladung ein allmählicher Verlust an Kapazität ein. Nach den Angaben von Bernbach[1]) und Grimm[2]) beträgt dieser Verlust 1—2% pro Tag. Präziser stellt Bein[3]) die Kapazitätsabnahme fest, indem er ausführt, daß die Selbstentladung in Schwefelsäure von 1,18 Dichte am wenigsten

[1]) Die Akkumulatoren, Bernbach, 1905, S. 107.

[2]) Die chemischen Stromquellen der Elektrizität, Grimm, München und Berlin, 1908, S. 138.

[3]) Elemente und Akkumulatoren, Bein, Leipzig 1908, S. 184, 185.

stark auftritt und hierbei nach 2 Tagen bis 14% erreicht. Das weist darauf hin, daß die Selbstentladung während der ersten Tage ziemlich stark einsetzt, um später ein langsameres Tempo einzuschlagen. Nach Heim[1]) sinkt die mittlere Klemmenspannung der Bleizelle um so mehr, „je länger die Pause zwischen Ladung und Entladung dauert". Die Tatsache der Selbstentladung in oben erwähnten Grenzen würde an und für sich von großer Bedeutung nicht sein, wenn es erlaubt wäre, den Bleiakkumulator bei Betriebsunterbrechungen von Wochen und Monaten sich selbst zu überlassen. Das ist jedoch keineswegs der Fall, vielmehr zeigt sich meistens bereits nach Verlauf von wenigen Tagen, daß auf den Platten der unbenutzt stehenden Bleizelle die Bildung schädlichen Bleisulfates einsetzt. Schwefelsäure von stärkerer Konzentration — über 1,18 spez. Gewicht — begünstigt die Sulfatbildung. Solange bei Kraft- und Lichtanlagen zur Aufrechterhaltung eines regelmäßigen Betriebes Aufladung in kurzen Zwischenräumen erfolgt, die Entladung sich der Ladung unmittelbar oder nach Verlauf weniger Stunden anschließt, können die erst bei längere Zeit andauernder Selbstentladung auftretenden Übelstände des Sulfatierens der Bleizelle gefährlich nicht werden. Doch muß, abgesehen von größeren Zentralstationen, bei stationären Lichtanlagen für Villen, Fabriken usw. damit gerechnet werden, daß jährlich während mehrerer Monate eine nur schwache Benutzung der Batterie, vielfach auf Wochen und Monate eine fast gänzliche Unterbrechung der Stromlieferung eintritt. Ähnliche Verhältnisse liegen nicht selten vor bei transportablen Bleibatterien, die zum Antrieb von Elektromobilen usw. dienen. Um in solchen Fällen die Bleizelle vor Schaden zu bewahren, die bei längerer Selbstentladung unvermeidliche Erschöpfung der Batterie und damit auftretende Sulfatbildung nicht zu weit vorschreiten zu lassen, sind wiederholt Aufladungen vorzunehmen. Diese dienen einzig und allein dem Zweck, die Bleibatterie in möglichst einwandsfreiem Zustand zu erhalten und bedeuten neben unnötiger Energievergeudung vielfach einen Zwang, Maschinenanlagen zeitweise in Betrieb zu setzen, nur um die Bleiakkumulatoren vor frühzeitiger Zerstörung zu schützen. Die in dieser Hinsicht nötige Vorsicht und Fürsorge können bei längere

[1]) Die Akkumulatoren für stationäre elektrische Anlagen, Heim, Leipzig 1906, S. 50.

Zeit andauernder Nichtbenutzung oder bei verhältnismäßig schwacher Beanspruchung der Bleibatterie recht lästig werden. Nach Heim[1]) soll man bei Betriebspausen von mehreren Wochen „etwa alle 8—10 Tage" bis zur normalen Grenze aufladen.

Eine Ausnahme von diesem Verhalten macht die mit Masseplatten ausgerüstete Bleizelle, die für Schwachstrom, für Zwecke der Telephonie usw. bestimmt ist. Bei derartigen Zellen ist der durch Selbstentladung entstehende Verlust geringer[2]) wie bei den stärker gebauten Bleizellen.

Für die erdrückende Mehrzahl der Bleibatterien kommt mithin eine sich auf Wochen und Monate erstreckende Selbstentladung nicht in Frage, weil aus zwingenden Gründen, um die Platten zu erhalten, Aufladung stattfinden muß, bevor große Verluste durch Selbstentladung auftreten. Nimmt man nach Heim als gefahrlos zulässige Betriebspause ohne Aufladung bei Bleizellen 10 Tage an und legt den von Bein innerhalb zwei Tagen beobachteten Kapazitätsabfall durch Selbstentladung von 14% zugrunde, so wird die Bleibatterie während der ohne Nachladung zulässigen Betriebsunterbrechung, das sind 10 Tage, ca. 25% an Kapazität verloren haben. Hierbei ist noch angenommen, daß während der letzten 8 Tage die Intensität der Selbstentladung schnell abnimmt.

Von den mit Edisonzellen bezüglich Selbstentladung angestellten Versuchen gibt die Tabelle XII eine kurze Übersicht.

Zu den Untersuchungen wurden Edisonzellen Type O 18 mit einer listenmäßigen Kapazität von 76 AmpStd. benutzt. Da es sich bei Sekundärbatterien, die auf Selbstentladung beansprucht werden, in der Mehrzahl der Fälle um relativ geringe Entladestromstärken handelt, so wurden die Entladungen nicht nur mit voller Stromstärke, entsprechend einer $3^3/_4$stündigen Entladung, sondern auch mit $^1/_4$ der normalen Stromstärke, entsprechend einer ca. 15stündigen Entladung durchgeführt. Die für den praktischen Betrieb hauptsächlich in Betracht kommenden Verhältnisse sind in Position 1 und 2 der Tabelle XII und Fig. 51 dargestellt. Die Zelle zeigt danach einen Energieverlust von 10,4% nach einer Ruhezeit von 27 Tagen, einen Verlust von 16,9% nach 64 Tagen und vollzieht sich die Entladung im ersten

[1]) Die Akkumulatoren für stationäre elektrische Anlagen, Heim, Leipzig 1906, S. 50.

[2]) Die Akkumulatoren, Elbs, Leipzig 1908, S. 24.

Tabelle XII.

Durch Selbstentladung auftretender Verlust einer Edisonzelle Type O 18.

Pos.	Zeitraum zwischen Ladung und Entladung	Stromstärke		Mittlere Entladespannung	Bei Entladung erhaltene Kapazität		Verlust durch Selbstentladung		Bemerkungen
	Tage	im Verhältnis zur normalen	Ampere	Volts	Amperestunden	Wattstunden	Amperestunden %	Wattstunden %	
1	27	ein Viertel	5	1,228	72	88,5	11,3	10,4	—
2	64	ein Viertel	5	1,176	69,5	81,79	13,1	16,9	hierzu Kurve I in Fig. 51 und Kurve in Fig. 52
3	11	normal	20	1,124	73	82	9	16,4	—
4	34	normal	20	1,075	71	77	11,3	21,5	hierzu Kurve II in Fig. 51
5	34	normal	20	1,168	42	49	47,5	50	hierzu Kurve III in Fig. 51

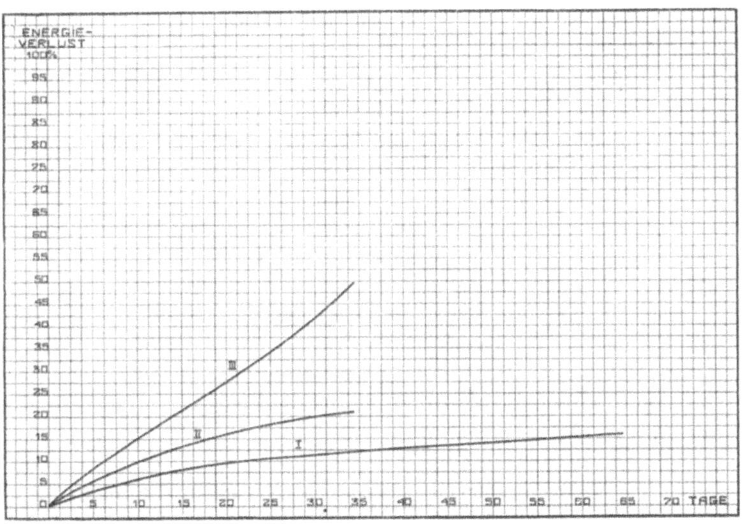

Fig. 51. Energieverbrauch einer Edisonzelle durch Selbstentladung bei verschiedener Belastung.

Falle bei einer mittleren Entladespannung von 1,228 Volt, im zweiten Fall von 1,176 Volt. Wird die Stromstärke bis zu der für Dauerbetrieb normal zulässigen Grenze gesteigert — in diesem Falle 20 Amp. — so erfolgt die Entladung bei entsprechend tieferer Spannung. In 11 Tagen — Position 3 — tritt ein Energieverlust von 16,4% ein bei 1,124 Volt mittlerer Spannung; in 34 Tagen ist mit 50% Verlust zu rechnen, wenn als mittlere Spannung 1,168 Volt festgesetzt wird, mit 21,5% Verlust, wenn die mittlere Spannung 1,075 Volt beträgt. Fig. 52 läßt den Verlauf der Spannungskurve erkennen bei Entladung nach 64 Tagen Ruhezeit mit einer Stromstärke von 5 Amp.

Der Energieverlust durch Selbstentladung ist bei der Edisonzelle so gering, daß bei relativ niedriger Entladestromstärke und

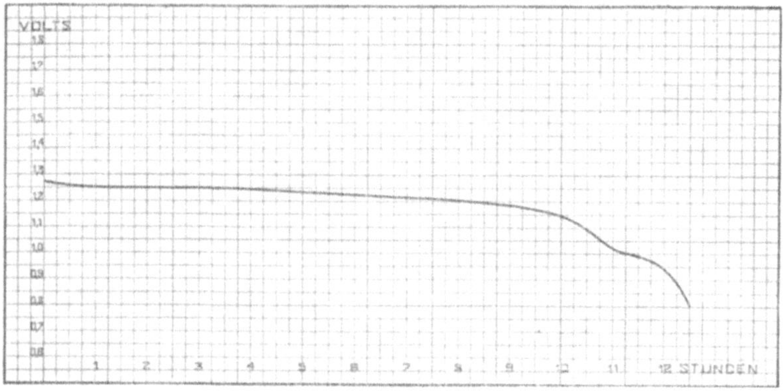

Fig. 52. Spannungskurve bei Entladung einer Edisonzelle Type O 18 mit 5 Amperes nach 64 Tagen Ruhezeit.

bei Verwendung für Schwachstromzwecke Aufladung erst nach monatelangen Pausen erforderlich ist, wobei nicht außer acht zu lassen ist, daß irgendwelche Schädigung der Zelle nicht eintritt, auch wenn eine Ladung erst nach Verlauf von Jahren vorgenommen wird.

3. Das Gewicht der Bleizelle im Vergleich zur Edisonzelle.

Auf wenigen Gebieten der Technik ist mit so vielen unrichtigen und haltlosen Zahlen operiert worden, wie auf dem der Sekundärbatterien, namentlich in bezug auf Gewichtsangaben. Unsummen von Arbeit, Mühe und Geld sind verschwendet, um das Ideal des „leichten“ Akkumulators zu erreichen. Seit Anfang der achtziger Jahre jagte eine Erfindung die andere, wurden ungezählte Patente auf Akkumulatoren angemeldet und durchweg nach kurzer Zeit als nutz- und zwecklos fallen gelassen. Ist zurzeit die Hochflut solcher kühnen, allzu kühnen Ideen auch vorüber, so taucht doch hin und wieder noch eine phantastische Mitteilung in den Tagesblättern auf, die von der endgültigen Lösung des uralten Problems verlockende Dinge zu erzählen weiß.

So vorsichtig man einerseits mit der Anwendung des Wortes „unmöglich" sein muß angesichts der erstaunlichen Erfolge und fast sprunghaften Entwicklung, die Automobil, drahtlose Telegraphie, Luftschiff und andere Errungenschaften moderner Technik zeigen, so darf man doch auf Grund der jetzt hundertjährigen Geschichte des galvanischen Elementes behaupten, daß ähnliche Überraschungen und gleiches Tempo beim Ausbau der Sekundärzelle ausgeschlossen sind. Bleibende Werte sind hier offenbar nur zu schaffen unter zeitraubendem, vorsichtigem Vorwärtsschreiten und bei sorgfältigem Abwägen aller vorliegenden Erfahrungen, nicht aber, wie es so oft versucht wurde, durch gewaltsame Anwendung von technischen Einrichtungen zu Zwecken, für die sie sich ihrer Natur nach nicht eignen.

Der Begriff eines „leichten" Akkumulators kann erläutert werden nur bei Gegenüberstellung der „schweren" Sekundärzelle, da nur an einem solchen Maßstab zu beurteilen ist, wo aller Voraussicht nach die Grenze des Erreichbaren liegt.

Das Gewicht der Bleizelle wird gekennzeichnet am sichersten durch die für jedes Kilogramm Totalgewicht erhaltene Leistung in Watt.-Std. Das Totalgewicht setzt sich zusammen aus den Einzelgewichten des Zellengefäßes, des Plattensatzes, des Elektrolyten und schließlich des Holzgestelles. Letzteres ist ersetzt bei transportablen Bleizellen durch offene oder geschlossene Holzkasten oder Holzträger. Die positiven Platten der Bleizellen sind einer allmählichen, durch den normalen Betrieb bedingten Zerstörung unterworfen[1]). Als am haltbarsten haben sich die sogenannten Großoberflächenplatten erwiesen, die zwecks Erreichung einer möglichst hohen Lebensdauer reichlich stark konstruiert werden müssen. Bei der mit jeder Ladung weiter fortschreitenden Formierung der positiven Platten fallen kleine Teile von der Oberfläche ab und sammeln sich am Boden des Zellengefäßes an. Um durch Anhäufung der als Schlamm sich absetzenden aktiven

[1]) Die Akkumulatoren für stationäre elektrische Anlagen, Heim, Leipzig 1906, S. 35, 37.

Masse nicht allzu frühzeitig Kurzschluß zwischen den Platten verschiedener Polarität eintreten zu lassen, werden die Zwischenräume zwischen Gefäßboden und Unterkante der Platten so hoch wie irgend angängig bemessen. Auch der Abstand der einzelnen Platten untereinander ist von wesentlicher Bedeutung und soll groß genug gewählt werden, um rechtzeitiges Nachströmen der Säure, die ungehinderte „Diffusion" des Elektrolyten, zu gestatten. Soweit irgend angängig, werden die Zellengefäße aus Glas hergestellt, was ein Beobachten der Vorgänge im Innern der Zelle ermöglicht und etwa auftretende Kurzschlüsse zwischen einzelnen Platten erkennen läßt. Bei größeren Zellen kommen Glasgefäße wegen der wachsenden Bruchgefahr nicht mehr in Betracht; man ersetzt sie durch mit Bleiblech ausgeschlagene Holzkasten. Die nach solchen Grundsätzen konstruierte Bleizelle kommt ihres hohen Gewichtes wegen fast nur für stationäre Anlagen zur Verwendung.

Soll der Bleiakkumulator für transportable Zwecke benutzt werden, so muß an Gewicht gespart werden. Das ist möglich nur auf Kosten der Lebensdauer und damit auch der Betriebssicherheit. Solange wie irgend möglich hält man auch bei transportablem Betrieb an positiven Großoberflächenplatten fest und beschränkt das Gewicht der Zelle durch Verringern der Elektrolytmenge, stellt die Platten dichter zusammen und behilft sich mit kleineren Abständen zwischen Plattenunterkante und Gefäßboden. Auf diese Weise wird zwar wesentlich an Gewicht und Raum gespart, doch erweist sich für zahlreiche Betriebsarten die Bleizelle auch dann noch als zu schwer. Ein weiteres Herabsetzen des Gewichtes und der Rauminanspruchnahme wird erreicht dadurch, daß an Stelle der Großoberflächenplatten die „Gitterplatte" gewählt wird. Die Gitterplatte ist mit zahlreichen Öffnungen versehen, welche mit aktivem Material ausgefüllt sind. Hand in Hand mit dieser Maßnahme geht eine auf das äußerste getriebene Beschränkung der Schwefelsäure. Als Gefäßmaterial dient Hartgummi, bei kleinsten Zellen auch Zelluloid. Die gegenüber schweren Bleizellen auf Kosten von Lebensdauer und Betriebssicherheit durch Herabsetzen der Plattendicke und Verringern der Flüssigkeitsmenge erzielten Ersparnisse an Gewicht und Raum sind scheinbar ganz bedeutende. In Wirklichkeit, im praktischen Betrieb kommt man zu Ergebnissen, die von den bekannt gegebenen Zahlen wesentlich abweichen, ganz abgesehen von den schweren Nachteilen, welche die gewaltsame Umkonstruktion der schweren Bleizelle für ihre Lebensdauer zur Folge hat und notwendigerweise haben muß. Die Wattstundenleistung für 1 kg Totalgewicht wird bei Bleizellen angegeben meistens nach der bei 5stündiger Entladung erzielten Kapazität. Eine derartige Berechnung mag zutreffen für manche transportablen Beleuchtungsanlagen oder auch für Spezialfälle bei stationärem Betrieb. Dagegen spielt sich der transportable Kraftbetrieb durchweg unter stark wechselndem Stromverbrauch ab, der für die Bleizelle ein erhebliches Schwanken der Kapazität in Amp.-Std. wie auch in Watt-Std. zur Folge hat. Um eine der Wirklichkeit mehr entsprechende Übersicht zu gewinnen, sind in Tabelle XIII und Fig. 53 die Leistungen in Watt-Std. einiger gebräuchlicher Bleizellen denjenigen einer Edisonzelle und zwar bei verschiedener Entladestromstärke bzw. Entladezeit gegenübergestellt.

Von den in Position 1—4 genannten Bleizellentypen J und GO sind in den Büchern von Bein[1]) und Heim[2]) einige Angaben über Kapazität usw. enthalten. Über die in Position 5 und 6 erwähnte Bleizelle W extra sagt Grimm[3]), daß sie 100 Entladungen aushält und eine Leistung von 30 Watt-Std. für 1 kg Gewicht aufweist. In Position 7 und 8 ist eine Edisonzelle zum Vergleich herangezogen.

Die Kapazität der Bleizelle ist eingesetzt bei Entladung in 5 bzw. einer Stunde; das Gewicht jeder Zelle ist bestimmt auf Grund der in Druckschriften veröffentlichten Angaben, wobei für GO 50 VII ein Totalgewicht von 92 kg angenommen wurde für 2 Zellen, eingebaut in gemeinsamen Holzkasten. Bei der Type W extra 8 wurde nur das Gewicht der nackten Zelle ohne Holzkasten berücksichtigt. Bei dieser letzteren sind also die nominellen Leistungen für 1 kg Totalgewicht noch etwas niedriger wie hier eingesetzt, sobald das Gewicht des meistens unentbehrlichen Holzkastens mit in Betracht gezogen wird. Bei der Edisonzelle ist als höchste Leistung mit der bei Entladung in 3 Stunden

[1]) Elemente und Akkumulatoren, Bein, Leipzig 1908, S. 206.

[2]) Die Akkumulatoren für stationäre elektrische Anlagen, Heim, Leipzig 1906, S. 66, 69.

[3]) Die chemischen Stromquellen der Elektrizität, Grimm, München und Berlin 1908, S. 154.

45 Minuten erzielten Kapazität gerechnet; ihre Leistung in Watt-Std. nimmt nicht nennenswert zu, wenn die Stromstärke für 5stündige Entladung mit nur 35 Amp. eingesetzt wird. Wie bei allen sonstigen Vergleichen ist das Gewicht der Edisonzelle auch hier angegeben einschließlich Holzträger.

Die Aufstellung zeigt bei Bleizellen zunächst den bekannten starken Abfall der Kapazität in Amp.-Std. sowohl wie in Watt-Std. bei 1stündiger Entladung gegenüber einer 5stündigen Entladezeit. Bei der Edisonzelle bedingt die auf das Dreifache gegenüber der

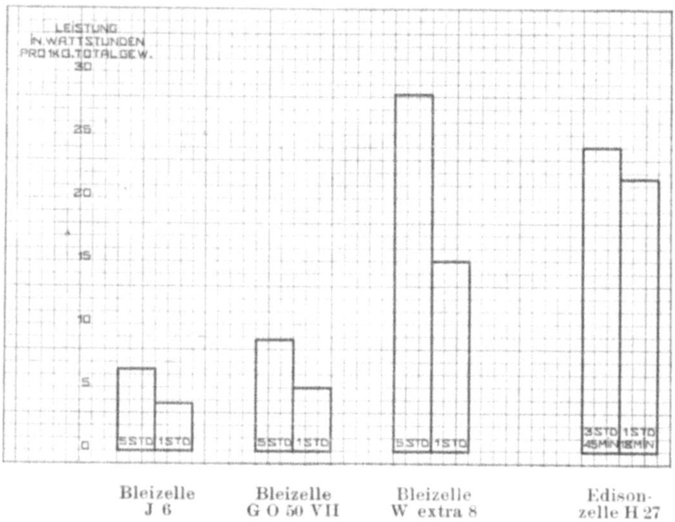

Fig. 53. Leistung in Wattstunden von Edisonzellen und Bleizellen für ein Kilogramm Totalgewicht bei verschiedenen Entladezeiten.

Normalen erhöhte Stromstärke keinen Abfall an Kapazität in Amp.-Std., nur 11% in Watt-Std., trotzdem die effektive Stromstärke von 135 Amp. höher ist wie bei den Bleizellen und die Belastung der Type W extra 8 um 35% übersteigt (siehe auch Fig. 54 und 55). In gleicher Weise wie die Wattstunden-Kapazität schwankt auch die Leistung der Zellen für 1 kg Totalgewicht. Im Mittel ergibt die stationäre Bleizelle ca. 5 Watt-Std., die transportable Bleizelle mit positiven Großoberflächenplatten ca. 7 Watt-Std., die leicht gebaute Bleizelle mit Gitterplatten ca. 21,5 Watt-Std. für 1 kg Gewicht; die Edisonzelle leistet im Mittel 22,75 Watt-Std.

Tabelle XIII.

Vergleich zwischen Edisonzellen und Bleizellen. Leistung in Wattstunden pro 1 kg Totalgewicht bei wechselnder Belastung.

Pos.	Type und System des Akkumulators	Entladezeit in Stunden	Mittlere Entladespannung Volt	Kapazität bei Entladung mit Ampere	Kapazität in Amperestunden	Kapazität in Wattstunden	Kapazitätsabfall an Amperestunden %	Kapazitätsabfall an Wattstunden %	Gewicht der Zelle inkl. Elektrolyt kg	Leistung pro 1 kg Totalgewicht in Wattstunden	Bemerkungen
1	Bleizelle J 6	5	1,9	36	180	342	—	—	54	6,33	Bleizelle für stationäre Zwecke; Gewicht eingesetzt inkl. 6% Zuschlag für Holzgestell
2	Bleizelle J 6	1	1,82	111	111	202	38	40	54	3,75	
3	Bleizelle GO 50 VII	5	1,9	42	213	404	—	—	46	8,80	Bleizelle für Antrieb von Lokomotiven und Booten, für Beleuchtung von Bahnwagen usw.; Gewicht eingesetzt inkl. Holzkasten
4	Bleizelle GO 50 VII	1	1,82	129,5	129,5	235	40	42	46	5	
5	Bleizelle W extra 8	5	2	37	185	370	—	—	13	28,15	Bleizelle für Antrieb von Elektromobilen; Gewicht eingesetzt ohne Holzkasten
6	Bleizelle W extra 8	1	1,9	100	100	190	46	48	13	15	
7	Edisonzelle H 27	3 Std. 45	1,23	45	175	216	—	—	9	24	Edisonzelle für stationäre und transportable Zwecke; Gewicht eingesetzt inkl. Holzträger
8	Edisonzelle H 27	1 Std. 18	1,1	135	175	192	0	11	9	21,5	

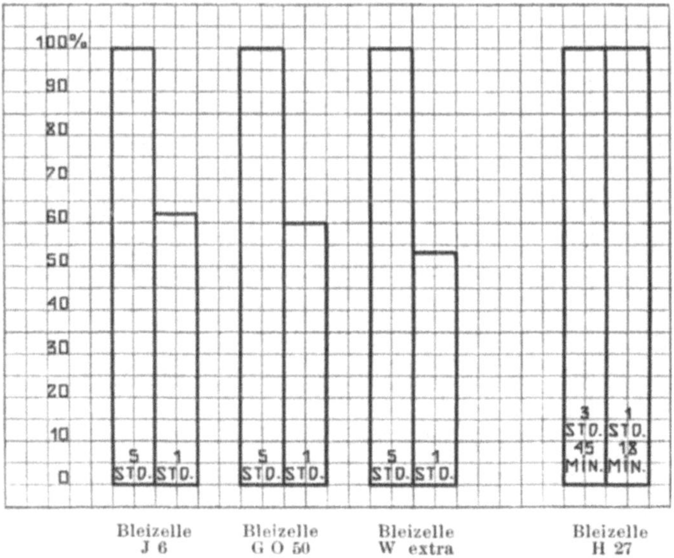

Fig. 54. **Abfall der Kapazitat in Amperestunden bei Bleizellen gegenüber Edisonzellen bei Anwendung verschiedener Entladezeiten.**

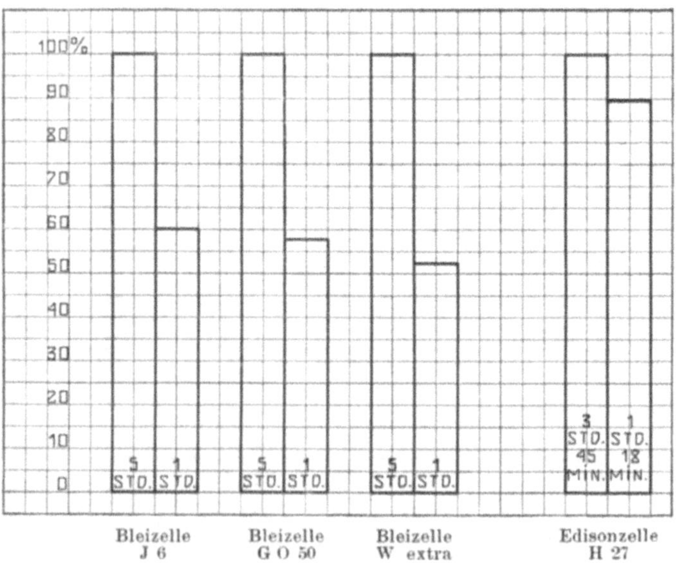

Fig. 55. Abfall der Kapazität in Wattstunden bei Bleizellen gegenüber Edisonzellen bei Anwendung verschiedener Entladezeiten.

Tabelle XIV.

Vergleich zwischen Edisonzellen und Bleizellen. Bedarf an Grundfläche und Raum pro Kilowattstunde.

Pos.	Type und System des Akkumulators	Entladezeit in Stunden	Mittlere Entladespannung	Kapazität			Kapazitätsabfall an		Grundfläche		Raum		Bemerkungen
				bei Entladung m. Amperes	in Amperestunden	in Wattstunden	Amperestunden	Wattstunden	der Zelle	für 1 Kilowattstunde	der Zelle	für 1 Kilowattstunde	
			Volt				%	%	qcm	qcm	Liter	Liter	
1	Bleizelle G O 50 VII	5	1,9	42	213	404	—	—	725	1794,5	27,187	67	Bleizelle für Antrieb von Lokomotiven und Booten, für Beleuchtung von Bahnwagen usw. Je 2 Zellen eingebaut in gemeinsamen Holzkasten
2	Bleizelle G O 50 VII	1	1,82	129,5	129,5	235	40	42	725	3085,1	27,187	115	
3	Bleizelle W extra 8	5	2	37	185	370	—	—	161	435	4,839	13,08	Bleizelle für Antrieb von Elektromobilen, nackte Zelle ohne Holzkasten
4	Bleizelle W extra 8	1	1,9	100	100	190	46	48	161	849	4,839	25,46	
5	Edisonzelle H 27	3 Std. 45	1,23	45	175	216	—	—	182	842	6,734	31,17	Edisonzelle für stationäre und transportable Zwecke. Je 6 Zellen eingebaut in gemeinsamen Holzträger
6	Edisonzelle H 27	1 Std. 18	1,1	135	175	192	0	11	182	948	6,734	35,07	

4. Der Raumbedarf von Bleizellen im Vergleich zur Edisonzelle:

Mehr noch wie an Gewicht ist durch Zusammendrängen der Plattensätze und der Zellengefäße an Grundfläche und Raum gespart worden bei den als transportable Zwecke gebauten Bleizellen. Allerdings entfernt man sich dadurch recht weit von den Grundsätzen, die zum Aufrechterhalten eines sicheren Betriebes bei stationären Bleibatterien als maßgebend betrachtet werden. Bei letzteren werden die Gefäßwände der nebeneinanderstehenden Zellen durch genügende Luftzwischenräume getrennt, um Stromübergang zu vermeiden[1]). Bei transportablen Bleiakkumulatoren werden vielfach 20 und mehr Zellen in einem Holzkasten vereinigt, ohne daß für Isolation zwischen den einzelnen Zellen gesorgt ist. Die zwischen und unterhalb der Zellengefäße sich ansammelnde Schwefelsäure verursacht Nebenschlüsse zwischen den Zellen und Stromverluste, die sich bei wesentlich erhöhter Rauminanspruchnahme sehr wohl vermeiden ließen.

In vorstehendem Vergleich (Tabelle XIV) zwischen Edison- und Bleizelle sind von letzterer die gleichen Typen gewählt wie bei Gegenüberstellung der Gewichte, jedoch unter Fortfall der Zelle für stationäre Zwecke. Auch hier wurden den Zellen der Type GO 50 VII die Abmessungen eines Holzkastens für 2 Zellen mit 92 kg Totalgewicht zugrunde gelegt, während die Type W extra 8 als nackte Zelle ohne Holzkasten eingesetzt ist. Bei Ermittelung des benötigten Raumes wurde die Höhe der Zelle — für Position 1, 2, 5 und 6 inkl. Holzträger — einschließlich der Polbolzen bzw. Ableitungen angenommen. Von den beiden angeführten Bleizellen beansprucht die Type GO 50 VII im Mittel für eine KWStd. an Grundfläche 2440 qcm, an Raum 91 l, die Type W extra 8 aber nur 642 qcm bzw. 19 l. Diese enorme Differenz läßt schon erkennen, wie stark die Lebensfähigkeit und Betriebssicherheit beeinträchtigt wurde, um den Ansprüchen des Elektromobilbetriebes einigermaßen gerecht zu werden. Ist doch die schwere Bleizelle GO 50 VII auch ihrerseits bereits an Gewicht und Raum nicht unerheblich reduziert gegenüber der stationären Type.

Die einzelnen Zellen einer Edisonbatterie sind, in Holzträger eingebaut und von diesen mittels Hartgummi isoliert, durch

---

[1]) Die Akkumulatoren für stationäre elektrische Anlagen, Heim, Leipzig 1906, S. 149, 150.

reichlich bemessene Luftzwischenräume getrennt, wodurch ein guter Temperaturausgleich erreicht und die Revision der Batterie sehr erleichtert wird. Die Edisonzelle erfordert im Mittel 895 qcm an Grundfläche und 33 l an Raum für eine KWStd., also nur

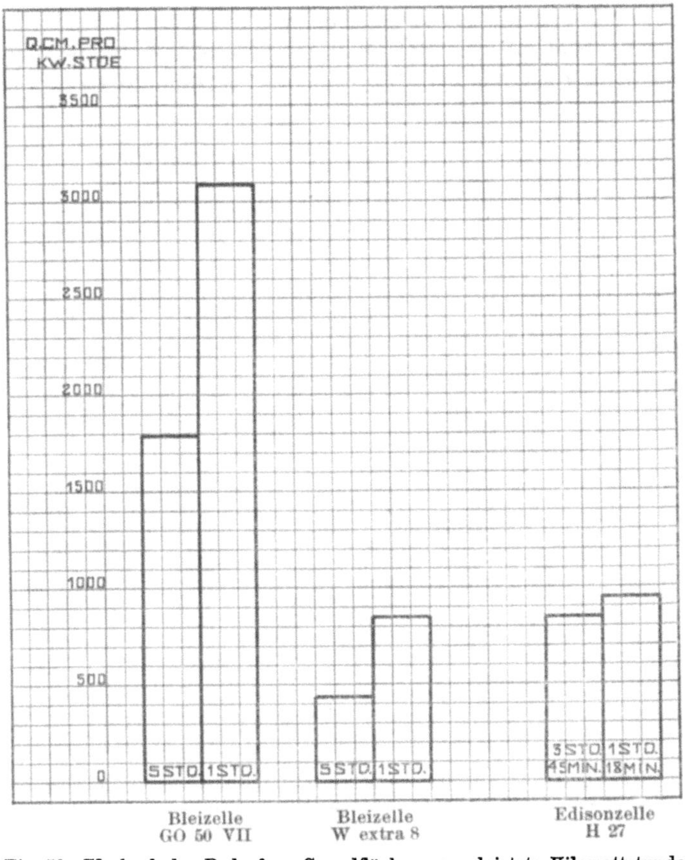

Fig. 56. Wechselnder Bedarf an Grundfläche pro geleistete Kilowattstunde bei verschiedener Entladezeit von Edisonzellen und Bleizellen.

wenig mehr wie den dritten Teil von dem, was die transportable Bleizelle mit Großoberflächenplatten benötigt (Fig. 56 u. 57). Während es keinerlei Schwierigkeiten bereitet, beim Bau von Elektromobilen genügend Raum für die Edisonzellen vorzusehen, verbieten Platzbedarf und Gewicht der letztgenannten Bleizellen mit verschwindenden Ausnahmen ihre Anwendung für den gleichen Zweck. Sie werden daher vorwiegend für Betrieb von Lokomotiven, Booten, Eisenbahntriebwagen usw. benutzt. Bei beschränkter Grundfläche werden, solange der nötige Raum zur Verfügung steht, Zellen von größerer Höhe, wie hier angeführt, gewählt. Ebenso steht auch bei der Edisonzelle einer veränderten Konstruktion nichts im Wege derart, daß die hier genannten normalen Typen höher gebaut werden, um bei wachsender Höhe an Grundfläche zu sparen.

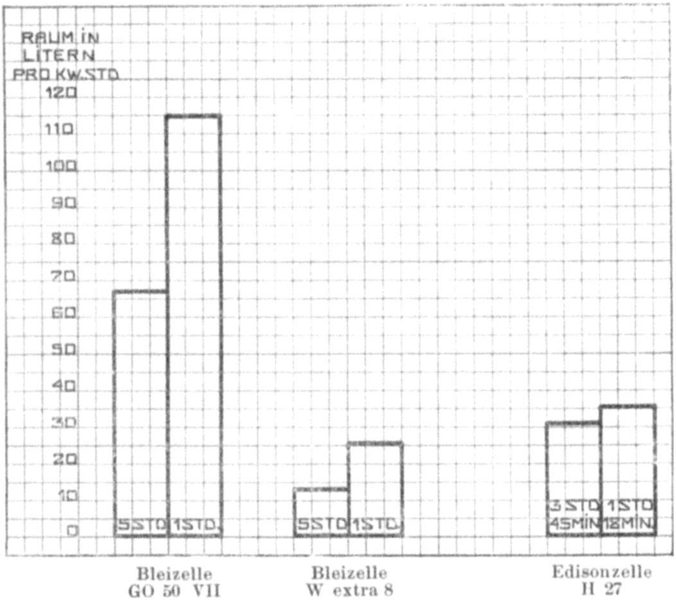

Fig. 57. Wechselnder Bedarf an Raum pro geleistete Kilowattstunde bei verschiedenen Entladezeiten von Edisonzellen und Bleizellen.

5. Nutzeffekt der Edisonzelle im Vergleich zur Bleizelle.

Der Nutzeffekt einer technischen Anlage, das Verhältnis zwischen aufgewendeter und wiedererhaltener Arbeitsleistung ist, generell gesprochen, von hoher Bedeutung. Dem stationären Akkumulator, der bei Parallelbetrieb mit der Maschinenanlage meistens schon durch Ausgleich von Belastungsschwankungen zur Erhöhung der Wirtschaftlichkeit der gesamten Anlage beiträgt, fällt in zahlreichen Fällen in der Hauptsache die Aufgabe zu, für absolute Sicherheit des Betriebes zu sorgen. Er soll den Licht- und Kraftbetrieb aufrecht erhalten, auch wenn bei vorübergehenden Störungen einmal die Maschinenanlage versagt oder aus irgendwelchen Gründen zeitweise außer Betrieb gesetzt werden muß. Außerdem wird von der stationären Sekundärbatterie durchweg verlangt, daß sie zu Zeiten geringen Strombedarfes, in denen der Maschinenbetrieb der niedrigen Belastung wegen an und für sich unwirtschaftlich sein würde, die Stromlieferung übernimmt. Die Bestimmung des Akkumulators, der Zweck, den er erfüllen soll, besteht demnach in erster Linie im Aufrechterhalten eines störungsfreien Betriebes und erst an zweiter Stelle steht die Frage des Nutzeffektes, steht die Forderung, einen möglichst hohen Betrag der bei Ladung verbrauchten Energie bei Entladung wiederzuerhalten. Was für stationäre Anlagen gilt, ist mit nicht geringerer Berechtigung auch für transportable Betriebe maßgebend. Wie beim Versagen eines Akkumulators, der im kritischen Moment die Beleuchtungsanlage eines Theaters, eines mit Menschen gefüllten Warenhauses, eines Krankenhauses usw. mit Strom versorgen soll, die schwerwiegendsten Folgen entstehen können, so können Störungen in der Funktion der Sekundärbatterie verlustbringend werden, die zum Antrieb eines Elektromobils, einer Lokomotive, zur Beleuchtung eines Bahnwagens usw. dient. Ist zum Beispiel für Aufladestrom der Batterie eines Lasten-Elektromobils in gegebenem Fall monatlich eine Summe von 100 Mark zu zahlen, so wird unter Umständen ein einmaliges Liegenbleiben auf der Fahrstrecke bei Versagen der Batterie mehr Unkosten verursachen, als wenn bei Einbauen einer zuverlässigen Batterie ein um wenige Prozent höherer Betrag für Ladeenergie infolge niedrigeren Nutzeffektes zu zahlen wäre.

Bleibt es trotz alledem empfehlenswert und notwendig, den Nutzeffekt eines Akkumulators mit in Betracht zu ziehen, so kann doch seine Wirtschaftlichkeit, die Frage, ob und wieweit er sich für bestimmte Verhältnisse eignet, nicht beurteilt werden nur unter dem Gesichtspunkt, wieviel Energie bei Ladung verbraucht, welche Leistung bei Entladung wiedergewonnen wird. Auch bei verhältnismäßig hohem Nutzeffekt bleibt ein Akkumulator unwirtschaftlich, wenn er nicht volle Gewähr dafür bietet, daß er den wechselnden Anforderungen des Betriebes voll und ganz gewachsen ist.

Tabelle XV.

Vergleich zwischen Edisonzelle und Bleizelle. Nutzeffekte in Amperestunden und Wattstunden bei wechselnder Entladestromstärke und gleichbleibender Ladezeit.

Pos	Type und System des Akkumulators	Ladung: Stromstärke im Verhältnis zur normalen	Ladung: Stromstärke in Ampere	Ladung: Zeit in Stunden	Ladung: Spannung im Mittel Volt	Ladung: Aufgewendet an Amperestunden	Ladung: Aufgewendet an Wattstunden	Entladung: Stromstärke im Verhältnis zur normalen	Entladung: Stromstärke in Ampere	Entladung: Zeit in Stunden	Entladung: Spannung im Mittel Volt	Entladung: Geleistet an Amperestunden	Entladung: Geleistet an Wattstunden	Gewicht der Zelle inkl. Elektrolyt kg	Leistung pro 1 kg Totalgewicht Wattstunden	Nutzeffekt in Amperestunden %	Nutzeffekt in Wattstunden %	Bemerkungen
1	Bleizelle Type W extra 8	normal	30	7,5	2,47	216	533	einhalb	20	10	2	200	400	13	31	92,6	75	Die Angaben für das Totalgewicht verstehen sich für die nackte Zelle, ohne Holztrager
2	„	„	30	7,5	2,47	216	533	normal	37	5	2	185	370	13	28,5	85,6	70	
3	„	„	30	7,5	2,47	216	533	ein-einhalb	54	3	1,98	162	320	13	25	75	60	
4	„	„	30	7,5	2,47	216	533	doppelt	70	2	1,95	140	283	13	22	65	53	
5	„	„	30	7,5	2,47	216	533	ca. dreifach	100	1	1,9	100	190	13	15	46,3	36	
6	Edisonzelle Type H 27	einhalb	32,5	7,5	1,67	244	406	ca. ein Drittel	17,5	10	1,29	184	238	9	26	76	58	Die Angaben für das Totalgewicht verstehen sich für die Zelle inkl. Holzträger
7	„	„	32,5	7,5	1,67	244	406	normal	45	$3^3/_4$	1,23	184	226	9	25	76	55	
8	„	„	32,5	7,5	1,67	244	406	dreifach	135	1 Std. 18	1,1	175	192	9	21,5	72	47	

Die bei Entladung von Bleizellen im Laboratorium erhaltenen Nutzeffekte sind recht hohe. Für die Beurteilung der Wirtschaftlichkeit kommen in Betracht die Ergebnisse, welche bei praktischer Verwendung erzielt werden. Nach Heim[1]) ist für in gutem Zustand befindliche Bleiakkumulatoren, die für stationäre Zwecke gebaut sind, im Mittel mit 70—75% Nutzeffekt in Watt-Std., mit 85—90% in Amp-Std. zu rechnen. Diese Zahlen sind als für alle Fälle feststehend nicht anzusehen, vielmehr von mancherlei Faktoren abhängig. Haben sich Kurzschlüsse zwischen den Platten der Zellen gebildet, so bedeutet das Energieverlust bei Ladung sowohl wie bei Entladung, also Beeinträchtigung des Nutzeffektes. Nach Elbs[2]) ist der Nutzeffekt der Bleibatterien „in hohem Grade abhängig von der Stromstärke, mit welcher sie geladen oder entladen werden." Außerdem ist auch hier wieder die Sulfatierung der Platten zu berücksichtigen. Bildung schädlichen Bleisulfates erfordert Überladen, um durch starke Gasentwicklung die auf den Platten befindliche Sulfatschicht allmählich zu entfernen. All' diese Umstände tragen dazu bei, den Nutzeffekt der Bleizelle zeitweise erheblich herabzusetzen. Den weitaus größten Schwankungen in bezug auf Nutzeffekt ist jedenfalls die für transportable Betriebe konstruierte, mit dünnen Gitterplatten ausgerüstete Bleizelle unterworfen. Die vorstehende Zusammenstellung (Tabelle XV) zeigt deutlich, wie wenig widerstandsfähig der Säureakkumulator sich erweist, sobald, wie zum Beispiel bei Elektromobilbetrieb der Fall, kräftige Stromstöße die Batterie fortgesetzt in Anspruch nehmen.

Um die in Tabelle XV zum Vergleich mit einer Edisonzelle herangezogene Bleizelle W extra 8 unter möglichst günstigen Durchschnittszahlen einsetzen zu können, ist auch die Kapazität bei 10stündiger Entladung mit berücksichtigt, obgleich die dafür gültige Stromstärke von nur 20 Amp. selten beim Antrieb eines Elektromobils in Frage kommt. Die einzelnen Angaben für die Bleizelle beruhen auf der Annahme, daß bei 5stündiger Entladung mit gleichbleibender Stromstärke — 37 Amp. — noch mit einem Nutzeffekt von ca. 70% in Watt-Std., von ca. 85% in Amp.-Std. zu rechnen ist.

---

[1]) Die Akkumulatoren für stationäre elektrische Anlagen, Heim, Leipzig 1906, S. 44.

[2]) Die Akkumulatoren, Elbs, Leipzig 1908, S. 22.

Nach den für verschiedene Entladezeiten dieser Zelle veröffentlichten Kapazitätsangaben in Amp.-Std. sind dann die übrigen Zahlen ermittelt. Bei 10stündiger Entladung mit 20 Amp. ist danach mit 75%, bei 1stündiger Entladung mit 100 Amp. mit 36% Energienutzeffekt zu rechnen. Als normale Ladestromstärke sind 30 Amp., als Ladezeit $7^1/_2$ Stunden genannt unter Berücksichtigung der Vorschrift, daß gegen Ende der Ladung die Stromstärke herabgesetzt werden soll. Der Nutzeffekt in Amp-Std. ist verhältnismäßig hoch angenommen, er spielt jedoch nur eine nebensächliche Rolle und beeinflußt das Resultat in bezug auf den Energienutzeffekt nicht. Es ist daher auch von geringer Bedeutung, ob die mittlere Ladespannung, wie hier geschehen, zu 2,47 Volt oder, wie es auf Grund von Laboratoriumsversuchen meistens gehalten wird, zu 2,3 Volt eingesetzt wird. Nimmt man letztere Zahl an, so würde beispielsweise bei 5stündiger Entladung, die 185 Amp.-Std. Kapazität ergeben soll, ein Nutzeffekt in Amp.-Std. von ca. 80% vorhanden sein und wären für die Ladung nicht 216, sondern 231 Amp.-Std. erforderlich. Auch dann würden die Zahlen für die Wattstunden-Kapazität und den Energienutzeffekt die gleichen bleiben, solange man von dem Grundsatz ausgeht, daß für den 10stündigen praktischen Betrieb nicht mehr wie 75%, für die 5stündige Entladedauer nicht über 70% Nutzeffekt an Energie gerechnet werden kann. Im übrigen ergeben später erörterte Zahlen, die in Elektromobilbetrieben gesammelt wurden, daß diese Werte eher zu hoch wie zu niedrig gegriffen sind.

Für die Edisonzelle ist in diesem Falle ebenfalls eine Ladezeit von $7^1/_2$ Std. angenommen, um den Vergleich auf möglichst gleichartiger Basis durchzuführen. In Wirklichkeit wird man diese lange Ladezeit bei der Edisonzelle an Stelle der normal zulässigen von $3^3/_4$ Std., rund 4 Std., nur dann wählen, wenn die längere Ladezeit störend nicht wirkt oder wenn durch niedrigen Verlauf der Ladespannung an Energie gespart werden soll. Es mag hier als Erklärung für die bei der Edisonzelle um etwa 5% verschieden eingesetzte Kapazität in Amp.-Std. eingefügt werden, daß die Zahlen dieser Tabelle sowohl wie der vorhergehenden als in der Praxis erzielte Ergebnisse anzusehen sind. Weder die zugeführte, noch die einer Sekundärzelle entnommene Energie kann in allen Fällen mathematisch genau eingehalten oder bestimmt werden. Es ist jedoch leicht ersichtlich, daß u. a. Position 7 mit 184 Amp.-Std. ein nur wenig verändertes Bild zeigen würde, wenn statt der tatsächlich erhaltenen Kapazität nur die listenmäßigen 175 Amp.-Std. genannt wären. Der Nutzeffekt in Watt-Std. würde dabei von 55 auf 53 %, die Leistung für 1 kg Totalgewicht von 25 auf 24 Watt-Std. herabgehen.

Bei Beurteilung des Zahlenmaterials ist zu beachten, daß die Bleizelle maximal mit 100 Amp., die Edisonzelle dagegen mit 135

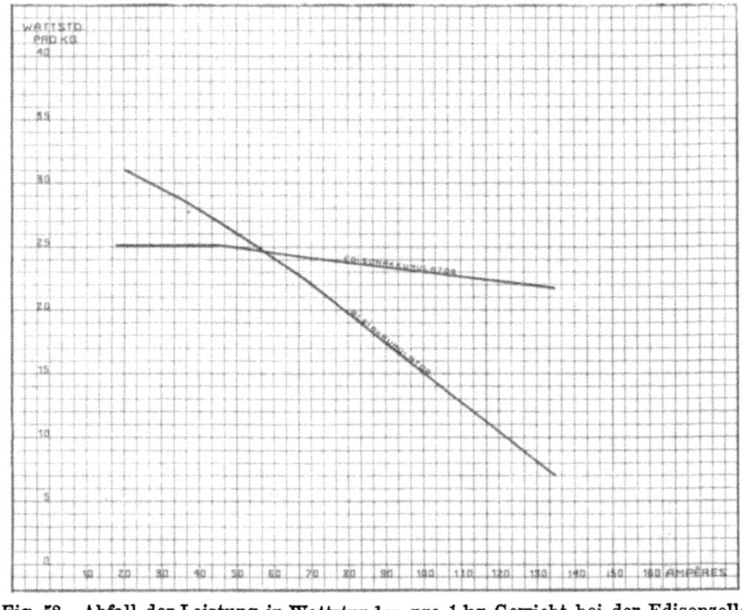

Fig. 58. Abfall der Leistung in Wattstunden pro 1 kg Gewicht bei der Edisonzelle und bei der für Elektromobilbetrieb gebauten Bleizelle bei steigender Belastung.

Amp. in Anspruch genommen ist. Beim Elektromobilbetrieb sind Stromstöße bis über 100 Amp. schon beim Verkehr auf ebener Strecke an der Tagesordnung. Beim Befahren von Steigungen aber wird die Stromstärke von 100 Amp., wenn auch nur auf kurze Zeit, beträchtlich überschritten. Belastet man beide Zellenarten, sowohl die Blei- wie die Edisonzelle, gleich hoch, das heißt mit 135 Amp., so werden die Gegensätze noch weit schärfer und gestalten sich die beiderseitigen Leistungen etwa wie in Fig. 58 dargestellt. Während danach die Edisonzelle zwischen 10- und

1stündiger Entladung einen Abiall an Leistung von 55 auf 47% zeigt, läßt die Bleizelle von 75 auf 36%, also um 52% nach. Steigert man gar die der Bleizelle entnommene Stromstärke auf 135 Amp. — entsprechend der Belastung der Edisonzelle — so fällt ihre Leistung um 80% ab. Die Ausbeute für 1 kg Totalgewicht — ohne Holzkasten — sinkt bei der Bleizelle von 31 auf 7 Watt-Std., kommt damit der für transportable Zwecke gebauten, mit Großoberflächenplatten ausgerüsteten Bleizelle gleich.

Dieses Verhalten ist typisch für die „leicht" gebaute Bleizelle, der durch Verringern der Elektrolytmenge, durch Herabsetzen der Plattendicke die Widerstandskraft genommen ist. Werden derartige Zellen für Beleuchtungszwecke, Telephonie usw. mit relativ niedriger Stromstärke beansprucht, so ist das Ergebnis in bezug auf Nutzeffekt naturgemäß ein weit günstigeres, immer vorausgesetzt, daß Kurzschluß zwischen den Platten und Sulfatbildung die Wirkungsweise nicht schädigend beeinflussen. Für Kraftbetriebe aber, für die diese Bleizellen mit — nominell — 28 und 30 Watt-Std. Leistung für 1 kg Totalgewicht konstruiert sind und benutzt werden, ergeben sie schon in ordnungsgemäßem Zustande im praktischen Betriebe einen Nutzeffekt, der hinter dem der voll ausgenutzten Edisonzelle zurückbleibt.

Die mit Großoberflächenplatten ausgestattete Bleizelle für transportable Zwecke, bei der Elektrolytmenge und Plattenabstand wesentlich günstiger bemessen sind wie für die Elektromobilbatterien mit schwachen Gitterplatten, wird auch ein günstigeres Verhalten bezüglich Nutzeffekt zeigen, wenngleich auch ihr durch Sulfatbildung und Schlammansammlung beständig Gefahren drohen. Am vorteilhaftesten muß sich beim Säureakkumulator naturgemäß der Nutzeffekt bei kräftig gebauten Zellen für ortsfeste Aufstellung gestalten, solange diese lediglich nach Grundsätzen konstruiert sind, die für möglichst sicheren Betrieb und hohe Lebensdauer maßgebend sind. Für solche Bleiakkumulatoren wird im regelrechten Betriebe, wie bereits erwähnt, ein Energienutzeffekt von 70, ja 75% angenommen.

Die Edisonzelle steht in bezug auf Nutzeffekt der schweren, für stationäre Verwendung bestimmten Bleizelle keineswegs nach, wird sie in vielen Fällen übertreffen, da mit Schlammbildung und dadurch hervorgerufenem Kurzschluß, mit nennenswerter Selbstentladung oder mit Verschlechtern der Platten bei seltenem Aufladen nicht zu rechnen ist. Um die Edisonzelle dauernd mit einem Energienutzeffekt von ca. 70% in Betrieb zu halten, bedarf es nur einer gegenüber der listenmäßigen Ausnutzung um etwa $^1/_3$ ermäßigten Beanspruchung. Wie die Tabelle II über Leistung und Nutzeffekt der Edisonzelle auf Seite 51 zeigt, wird bei einer Entladedauer von $2^3/_4$ Std. und 2stündiger Ladung ein Energienutzeffekt von 68% erreicht, der auf 74% gesteigert wird, wenn die Ladezeit auf $3^3/_4$ Std., die Entladung auf 5 Std. ausgedehnt wird. Hierbei gibt die Edisonzelle noch ca. 16 Watt-Std. für 1 kg Totalgewicht her, gegenüber ca. 6 Watt-Std. bei der stationären bzw. ca. 8 Watt-Std. bei der mit Großoberflächenplatten versehenen Bleizelle für transportablen Betrieb. Die Möglichkeit, die Aufladung der Edisonzelle den variablen Anforderungen des Betriebes weitgehendst anzupassen, erweist sich als sehr wertvoll in bezug auf den im Durchschnitt zu erzielenden Nutzeffekt. Wird die Ladung stets nur so weit fortgesetzt und nur so oft vorgenommen, wie zur Aufrechterhaltung eines ungestörten Licht- oder Kraftbetriebes nötig, so kann an Ladeenergie, besonders in Anlagen mit unregelmäßigem Strombedarf, erheblich gespart werden gegenüber einer Bleibatterie, die zur eigenen Instandhaltung die volle Durchführung jeder Ladung und deren Wiederholung auch dann verlangt, wenn bei schwachem Strombedarf und ausgedehnter Entladezeit oder bei längerer Unterbrechung des Betriebes schädliche Sulfatbildung zu fürchten ist. Es ist in der Tat nur nötig, die guten Eigenschaften der Edisonzelle auszunutzen, um auch bei Verwendung für stationäre Betriebe zu einem durchschnittlichen Nutzeffekt zu kommen, der dem des Bleiakkumulators mindestens gleichkommt, solange letzterer peinlich genau kontrolliert und in Stand gehalten wird. Wird jedoch der Bleizelle die notwendige einwandsfreie Behandlung nicht zuteil, — die nachteiligen Folgen zu geringer oder zu seltener Aufladung des Säureakkumulators machen sich nur allzu oft bemerkbar — so muß durch reichlichen Aufwand von Ladeenergie versucht werden, die Bleiplatte wieder in vorschriftsmäßigen Zustand zu bringen. Das bedeutet eine Beeinträchtigung des Nutzeffektes, die bei der Edisonzelle fortfällt.

6. Preis der Edisonzelle im Vergleich zur Bleizelle.

Die für richtige Beurteilung der beiderseitigen Leistungen bei Edisonzellen und Bleizellen in Betracht zu ziehenden Gesichtspunkte sind zum großen Teil maßgebend auch für Gegenüberstellung der Preise. Es genügt nicht zur Kennzeichnung der Anschaffungskosten, nur die in den Preislisten für eine bestimmte Entladedauer genannte Kapazität in Amp.-Std. zu vergleichen, auch nicht, diese Leistung in Watt-Std. umzurechnen. Es müssen vielmehr in Betracht gezogen werden die Betriebsbedingungen, unter welchen die Zellen arbeiten sollen, um zu ermitteln, welche Durchschnittsleistungen von den beiden Systemen zu erwarten sind. Weiter ist es unumgänglich notwendig, die voraussichtliche Lebensdauer abzuschätzen. Schließlich darf die Frage nicht außer acht gelassen werden, welche Nebenkosten durch den erforderlichen Aufstellungsraum, durch Montage, Inbetriebsetzung, Reparaturen und Wartung entstehen. Außerdem soll, ebenso wie bei Erörterung des Nutzeffektes, des Gewichtes und der Raumbeanspruchung, in erster Linie die Betriebssicherheit geprüft werden, wenn es heißt, die Entscheidung über Auswahl eines Akkumulators zu treffen. In jedem Fall ist zu beachten, daß zum Ausgleich der Spannungsdifferenz pro Zelle — Entladespannung im Mittel 1,23 Volt bei der Edisonzelle gegenüber 1,9 bis 2 Volt bei der Bleizelle — die Edisonbatterie eine um rund 60% höhere Zellenzahl aufweisen muß wie die Bleibatterie. Dementsprechend wählt man zum Beispiel für stationäre Anlagen zweckmäßig 96 Edisonzellen für 60 Bleizellen, bei Elektromobilen, Lokomotiven und Booten 64 Edisonzellen für 40 Bleizellen und für Zündbatterien, die zum Betrieb von mit 4 Volt arbeitenden Zündvorrichtungen dienen, 3 hintereinandergeschaltete Edisonzellen an Stelle von 2 Bleizellen usw.

Um die Zellengröße für den Vergleich zu bestimmen, ist die durchschnittliche Belastung in Amp. festzustellen, woraus dann die resultierende Kapazität in Amp,-Std. entwickelt wird, die bei der Edisonzelle eine gleichbleibende Zahl für jede Belastung ist, während sie bei der Bleizelle stark schwankt, wie dies in Tabelle XIII Seite 99 angedeutet ist.

Am günstigsten erscheint die Ausbeute der Bleizelle, solange relativ schwache Entladestromstärken auftreten, wie dies der Fall ist u. a. bei Batterien für Handlampen, Zündvorrichtungen, für mancherlei Zwecke der Telephonie, Telegraphie, Medizin usw. Die für derartige Verwendung gebauten und meistens mit sogenannten Masseplatten ausgerüsteten Bleizellen, die im normalen Betrieb mit gleichbleibender, geringer Stromstärke entladen zu werden pflegen, werden durch starke Stromstöße nicht oder nur ausnahmsweise in Anspruch genommen und zeigen daher eine verhältnismäßig hohe Kapazität. Stellt man solchen Bleizellen für den gleichen Betrieb Edisonzellen gegenüber, die bei langer Entladezeit bzw. niedriger Entladestromstärke an Leistung in Amp.-Std. gar nicht, in WattStd. nicht nennenswert zunehmen, so ergibt sich zunächst ein beträchtlicher Preisunterschied. Der weitaus geringere Anschaffungspreis des Bleiakkumulators erweist sich jedoch als nur scheinbarer Vorteil, wenn in Rücksicht gezogen wird, daß schon nach etwa 100—200 Entladungen die Bleibatterie verbraucht ist. Um 600 Entladungen zu erreichen, sind 3—5 Bleibatterien zu beschaffen, während bei Verwendung der Edisonbatterie ein einmaliger Ankauf genügt.

Ähnlich liegen die Verhältnisse bei Elektromobilbatterien. Auch hier erreichen die leicht gebauten Bleizellen eine Lebensdauer von nur 100—150 Entladungen und müssen 4—5 mal gewechselt oder mit neuen Plattensätzen versehen werden, bevor die Edisonbatterie eine merkliche Kapazitätsabnahme zeigt. Da bei derart schnellem Verfall der Bleibatterie die Betriebskosten trotz niedrigster Bemessung der Anschaffungspreise zu hohe sein würden, so wird ihre Instandhaltung von den Lieferanten vielfach gegen Zahlung einer bestimmten jährlichen Versicherungssumme übernommen, die je nach den örtlichen Verhältnissen schwankt, meistens etwa 30% vom Listenpreis beträgt. Handelt es sich um eine größere Anzahl von Batterien, die für einen Wagenpark in gemeinsamer Ladestation untergebracht sind, so wird für Bleibatterien auch eine Unterhaltung in der Weise übernommen, daß für jedes abgefahrene Kilometer ein bestimmter Betrag dem Besitzer angerechnet wird. Derartige mehr oder weniger günstig erscheinende Abmachungen, die darauf hinzielen, dem Interessenten und Käufer das schier unausrottbare Mißtrauen gegen transportable Bleibatterien zu nehmen, können ihren Zweck nicht völlig erfüllen, da auch die weitgehendsten Garantien nichts an der Tatsache zu ändern vermögen, daß nach längstens

150 Entladungen die Bleibatterie so weit ruiniert ist, daß neue Plattensätze eingebaut werden müssen. Die mit dieser schnellen Zerstörung untrennbar verbundene Betriebsunsicherheit, die infolge sinkender Kapazität, Brechen der Verbindungen von Zelle zu Zelle, Undichtwerden der Gummikasten usw. auftretenden Störungen sind es, die außer den direkten Betriebskosten noch indirekte Ausgaben entstehen und den Elektromobilbetrieb vielfach trotz aller Instandhaltungsverträge unrationell erscheinen lassen. Wohl kann und soll für einen Akkumulator eine Zeitgarantie übernommen werden, wie dies in ähnlicher Weise sonst bei technischen Anlagen und Lieferungen üblich ist. Wenn aber der Käufer einer Dampfmaschine oder eines Elektromotors eine Garantie — etwa auf die Dauer eines Jahres — verlangt, so tut er dies in der stillschweigenden Voraussetzung und Erwartung, daß er den Lieferanten zur Erfüllung seiner Garantiepflichten nicht wird heranziehen müssen; im übrigen übernimmt der Besitzer die Überwachung und Instandhaltung seiner maschinellen Einrichtungen selbst und fährt gut dabei, da die Kosten einer von Seiten des Lieferanten ausgeübten, ständigen Betriebskontrolle naturgemäß in irgendeiner Weise vom Käufer getragen werden müssen und eine Ausgabe darstellen, die vermieden werden kann, wenn es sich um eine betriebssichere Sekundärbatterie handelt.

Die Edisonzelle erfordert Reparaturen im landläufigen Sinne überhaupt nicht. Eine Garantie auf die Dauer von zwei Jahren dahingehend, daß durch Schlammbildung, durch Kurzschluß zwischen den Platten versagende Zellen ersetzt werden, wird für die in Deutschland hergestellten Zellen ohne Erhebung einer Versicherungsgebühr übernommen. Schon in dieser Garantie ist ausgesprochen, mit wie weitgehender Betriebssicherheit beim Edisonakkumulator gerechnet werden darf. In der Tat sind denn auch die durch Material- oder Fabrikationsfehler möglichen Kurzschlüsse im Innern der Zelle derart selten, daß die erwähnte Gewährleistung eine nennenswerte Belastung für die liefernde Fabrik nicht darstellt, während sie dem Käufer eine denkbar sichere Unterlage dafür bietet, daß der Betrieb mit dem Edisonakkumulator sich störungsfrei abwickelt. Erhöht wird die in dieser Garantie für den Käufer und Besitzer liegende Sicherheit durch den Umstand, daß die Edisonzelle mit zugeschweißtem Deckel versehen ist und daß diese Bauart sich für den praktischen Gebrauch als Hindernis erweisen müßte, wenn Störungen durch Verbiegen von Platten, durch Kurzschluß und Schlammbildung zu den natürlichen Erscheinungen zählten. Die für Edisonzellen gegebene und anstandslos durchzuführende Garantie ist vielmehr nur möglich, weil die kräftige und eigenartige Konstruktion an und für sich eine solche Gewährleistung unterstützt.

Günstiger wie bei der transportablen, leicht konstruierten Bleizelle stellt sich die Preisfrage für den mit schweren Platten und reichlicher Säurefüllung versehenen Bleiakkumulator in stationären Anlagen. Langjährige Erfahrung in zahlreichen Zentralstationen und zahllosen Einzelanlagen beweist, daß bei der in gut geleitetem Betrieb selbstverständlichen, gewissenhaften Überwachung die Bleizelle in ihrer robusten stationären Ausführung weitgehende Betriebssicherheit bietet. Die für die Edisonzelle verwendeten teuren Rohmaterialien im Verein mit der schwierigen Fabrikation lassen es bis auf weiteres noch ausgeschlossen erscheinen, größere Zellen zu gleichen Preisen herzustellen wie stationäre Bleizellen. Überall dort, wo in stationären Anlagen geringe Platzbeanspruchung, Geruchlosigkeit, niedriges Gewicht eine nebensächliche Rolle spielen, wo eine sorgfältige Überwachung sich ohne große Schwierigkeiten und ohne zu große Kosten durchführen läßt, ist die Edisonzelle infolge ihrer höheren Anschaffungskosten gegenüber der Bleizelle noch im Nachteil.

Neben diesen Anlagen großen und größten Umfanges bestehen jedoch außerordentlich zahlreiche kleinere Betriebe, bei denen die von Edisonbatterien gebotenen Vorteile die etwa noch vor, handenen Preisunterschiede zwischen den beiden Systemen reichlich aufwiegen. In vielen Fällen wird schon die Frachtersparnis- die bei Transport der leichteren Edisonbatterie erzielt wird, von erheblichem Einfluß sein. In Betracht zu ziehen ist ferner, daß jeder intelligente und geschulte Monteur, der die Installation einer Lichtanlage ausführt, Montage und Inbetriebsetzung der Edisonbatterie zu übernehmen in der Lage ist, da jedes Löten von Verbindungen fortfällt und lediglich ein Einsetzen der betriebsfertig zum Versand gebrachten Zellen in die Holzträger, das Aufschrauben der Verbindungen, Einfüllen der Kalilauge und im Anschluß daran die erste Ladung vorzunehmen sind. Diese mit geringem Zeitaufwand zu bewältigenden Arbeiten höchst einfacher Natur erfordern keine besondere Übung und können von einem zuverlässigen Elektromonteur einwandsfrei erledigt werden. Eine dauernde Ersparnis an Raum, die bei einzelnen Anlagen für Wohnhäuser, für Villen usw. besonders angenehm empfunden wird, ist dadurch zu erreichen, daß der Edisonakkumulator ohne jede Schädigung der maschinellen Anlagen mit im Maschinenraum untergebracht werden kann. Gleichzeitig wird durch Aufstellung der Edisonbatterie in unmittelbarer Nähe der Schalttafel und des Zellenschalters an Leitungen sowohl wie an Montage gespart. Es wird somit unter Berücksichtigung und Ausnutzung der die Edisonbatterie auszeichnenden Eigenschaften für viele, sehr viele stationäre Betriebe ihre Aufstellung sich auch in bezug auf die Kostenfrage als vorteilhafter erweisen wie die Wahl einer Bleibatterie, auch wenn die einfachere Wartung der Edisonzelle nicht in Betracht gezogen wird.

Das Anwendungsgebiet des Edisonakkumulators.

Elektromobilbetrieb.

Die in allen wesentlichen Teilen von der Bleizelle gänzlich abweichende Bauart sowohl wie ihr Verhalten im praktischen Betriebe lassen die Edisonbatterie und die von ihr gebotenen Vorteile am besten zur Geltung kommen bei Verwendung für transportable Zwecke.

Die schwersten Anforderungen an den mechanischen wie den elektrischen Aufbau einer Sekundärzelle stellt der Elektromobilbetrieb. Das auf ständig wechselndem, oft auch schlechtem Pflaster sich fortbewegende Fahrzeug ist Erschütterungen ausgesetzt, die zur Wahl erstklassiger Materialien für Chassis und Motoren zwingen, um so mehr, als nur Konstruktionsteile von möglichst niedrigem Gewicht zulässig sind, sollen die mitzuschleppenden Massen nicht von vornherein einen rationellen Betrieb in Frage stellen. Es bedarf keiner näheren Begründung, daß bei den vom Chassis auf die Batterie sich fortpflanzenden heftigen Stößen auch die letztere mechanische Widerstandskraft in hohem Maße besitzen muß, wenn sie den zu stellenden Anforderungen anstandslos genügen soll. Gleich hoher Beanspruchung ist die Elektromobilbatterie in elektrischer Beziehung ausgesetzt. Auch wenn keine nennenswerten Steigungen zu überwinden sind, läßt sich ein unaufhörliches Schwanken der Belastung, ein unausgesetztes Auftreten starker Stromstöße bei Fahrten im lebhaften Verkehr der Großstadt beobachten, hervorgerufen durch die in kurzen Zeitintervallen aufeinanderfolgenden Veränderungen der Kontrollerstellung. Die Stromstöße des Elektromobilbetriebes auch nur zeitweise durch selbstregistrierende Meßinstrumente festzustellen, ist schwer durchzuführen, da bei Einschalten sehr empfindlicher Apparate ein Beeinflussen der Messungen durch die Erschütterungen des Fahrzeuges unvermeidlich ist. Doch läßt sich das Steigen und Fallen der Stromstärke mit ziemlicher Genauigkeit ermitteln, wenn die von einem zuverlässig arbeitenden Präzisions-Amperemeter angezeigten Belastungen in möglichst

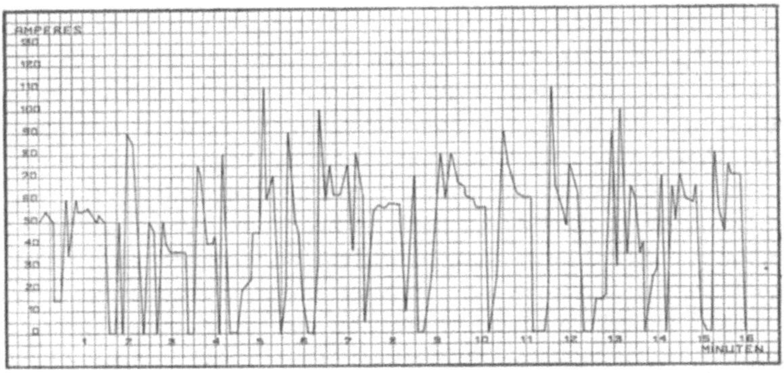

Fig. 59. Stromkurve eines Elektromobils bei Fahrt auf ebener, gut gepflasterter Wegstrecke.

kurzer Aufeinanderfolge abgelesen werden. Fig. 59 zeigt den auf solche Weise festgelegten Verlauf der Fahrt mit einem Personen-Elektromobil. Das auf den Versuchsfahrten benutzte Fahrzeug, ein von den Bergmann-Elektrizitätswerken A.-G. gebautes Luxus-Elektromobil, legte während der in den Hauptstraßen Berlins vorgenommenen Messungen eine Wegstrecke von ca. 16 km zurück. Die Abbildung läßt deutlich erkennen, wie stark und ruckweise die Belastung der Batterie wechselt, zeigt weiter klar, von welcher Bedeutung für den Aktionsradius und für den zu erzielenden Nutzeffekt es sein muß, ob die benutzte Sekundärbatterie in ihrer Kapazität durch schwankende Stromentnahme nennenswert beeinträchtigt wird oder nicht. Die beim Durchfahren von steigungslosen Straßen nach je 10 Sekunden aufgezeichneten Stellungen des Amperemeters, wie sie in Fig. 59 festgelegt sind, stellen ein Bild dar von der durchschnittlichen Beanspruchung des Akkumulators beim Betrieb eines Elektromobils im dichten Verkehr der Großstadt. Naturgemäß wechselt dieses Bild fortwährend, insbesondere treten weit heftigere Schwankungen auf, sobald das Überwinden von Steigungen in Frage kommt oder wenn gar das Fahrzeug nach Anhalten auf ansteigender Straße von neuem in Gang gesetzt wird. Bei der noch stark voneinander abweichenden Bauart der heutigen Elektromobile, bei den mancherlei Einflüssen, die auf den Energieverbrauch eines Fahrzeuges einwirken, lassen sich zwar Angaben, die auf jeden Einzelfall des praktischen Betriebes genau zutreffen, nicht machen, doch bieten die bisher gewonnenen Resultate Anhaltspunkte genug, um die Sachlage im Prinzip klarzustellen und die grundlegenden Ursachen für das Verhalten des mit Akkumulatoren betriebenen, schienenlosen Wagens zu erklären. Für die Berechnung des Energieverbrauches eines Elektromobils werden die gleichen Regeln wie für auf Schienen laufende Fahrzeuge angewandt. Es ist jedoch zu beachten, daß beim Elektromobil die zur Überwindung der Reibung zwischen den Rädern und der Straßendecke erforderliche Zugkraft durchweg relativ größer ist wie bei einem Straßenbahn- oder Eisenbahnwagen und daß die Beschaffenheit des Pflasters in Rücksicht gezogen werden muß. Während bei Straßenbahnen für jede Tonne Zuggewicht etwa 10—15 kg als erforderliche Zugkraft angenommen werden, ist für ein Elektromobil dieser als Traktionskoeffizient bezeichnete Wert mit etwa 13—30 kg pro Tonne Totalgewicht in die Rechnung einzusetzen, wobei vorausgesetzt ist, daß gut gepflasterte Wege mit fester Decke befahren werden. Bei gleicher Wegebeschaffenheit und gleich zweckmäßig konstruierten Wagen wird der Traktionskoeffizient kleiner mit zunehmendem Totalgewicht, wie dies ausgedrückt ist in nachstehender Tabelle XVI.

Neben dem Traktionskoeffizienten, der auf schlechten, sandigen Wegen oder solchen mit aufgeweichter Decke weit über das normale Maß ansteigt, sind bestimmend für den Kraftverbrauch die Geschwindigkeit und das Gewicht des Elektromobils. Das Totalgewicht setzt sich zusammen aus den Einzelgewichten

Tabelle XVI.

Verhältnis zwischen Totalgewicht und Traktionskoeffizient bei Elektromobilbetrieb. Die Zahlen sind Durchschnittswerte für gut gepflasterte Straßen und für normale Geschwindigkeit.

Pos.	Totalgewicht des Elektromobils Tonnen	Traktionskoeffizient pro Tonne ca. kg	Bereifung
1	9 —8	13—14	Vollgummi oder Eisen
2	7 —5	15—16	„ „ „
3	4,5 —3	17—18	„ „ „
4	2,5 —1,5	19—22	„ „ Pneumatik
5	1,25—0,8	25—30	„ „ „

des Chassis mit Motor, des Oberbaues oder der Karosserie, der Batterie und der Last.

Ist Q das Totalgewicht des Elektromobils in Tonnen,
w der Traktionskoeffizient,
v die Geschwindigkeit in Meter per Sekunde,
V die Geschwindigkeit in Kilometer per Stunde,
E die erforderliche Kraft in Pferdestärken,
so erhält man bei Fahrten auf steigungsloser Strecke[1])

$$E = \frac{Q \cdot w \cdot v}{75}\,\mathrm{PS} = \frac{Q \cdot w \cdot V \cdot 1000}{75 \cdot 3600} = \frac{Q \cdot w \cdot V}{270}\,\mathrm{PS}.$$

Hiernach würde ein mit Luftreifen versehenes Personen-Elektromobil bei 20 km Geschwindigkeit per Stunde, einem Traktionskoeffizienten von 20 kg und einem Totalgewicht von rund 2 t einschließlich Besatzung erfordern:

$$\frac{2 \cdot 20 \cdot 20}{270} = 2{,}96\ \mathrm{PS}$$

oder 2664 Watt, die Pferdestärke zu 900 Watt gerechnet. Diese Leistung entspricht einem Energieverbrauch für Zurücklegen eines Wagenkilometers von 2664 : 20 = 133 Watt-Std. und stimmt damit annähernd überein mit Ergebnissen, welche bei Fahrten auf der Versuchsstrecke mit dem Personenelektromobil nach

[1]) Elektrische Bahnen, Zipp, Berlin-Steglitz, 1903, S. 10.

Fig. 60 erzielt wurden. Das letztere, gebaut für Aufnahme von 6 Personen einschließlich Führer — davon 4 im Innern — wiegt einschließlich Edisonbatterie 1750 kg ohne Nutzlast. Das Totalgewicht stellt sich im Durchschnitt, mit 3 Personen besetzt einschließlich Führer, auf rund 2000 kg. Die für eine mittlere Entladespannung von ca. 80 Volt gewählte Edisonbatterie besteht aus 64 Zellen Type H 27 mit einer Kapazität von 175 Amp.-Std. und einem Gewicht von 575 kg (Fig. 61). Bei einer normalen

Fig. 60. Mit Edisonbatterie ausgerüstetes Personenelektromobil, gebaut von den Bergmann-Elektrizitätswerken A.-G. Berlin.

Entladestromstärke für Dauerbelastung von 45 Amp. gibt die Batterie 3,6 KW. während reichlich $3^3/_4$ Stunden, insgesamt 13,824 KWStd. her. Der Elektromobilbetrieb belastet bei der normalen Geschwindigkeit von 26 km pro Stunde die Batterie mit ca. 3,6 KW., entsprechend einem Stromverbrauch von 45 Amp. bei 80 Volt. Die Beanspruchung in Amp. hält sich damit auf der Grenze der für Dauerbetrieb bei der Type H 27 zulässigen Entladestromstärke, solange steigungslose Straßen mit fester Decke befahren werden. Die Kurve in Fig. 62 zeigt zwischen

13 und etwa 25 km Geschwindigkeit pro Stunde eine annähernd gleichmäßig zunehmende Steigerung des Kraftbedarfes; darüber hinaus bis zu 30 km pro Stunde nimmt — und zwar infolge des

Fig. 61. Chassis zu einem Personenelektromobil, gebaut von den Bergmann-Elektrizitätswerken A.-G. Die Edisonbatterie ist in 8 Holzträger eingebaut.

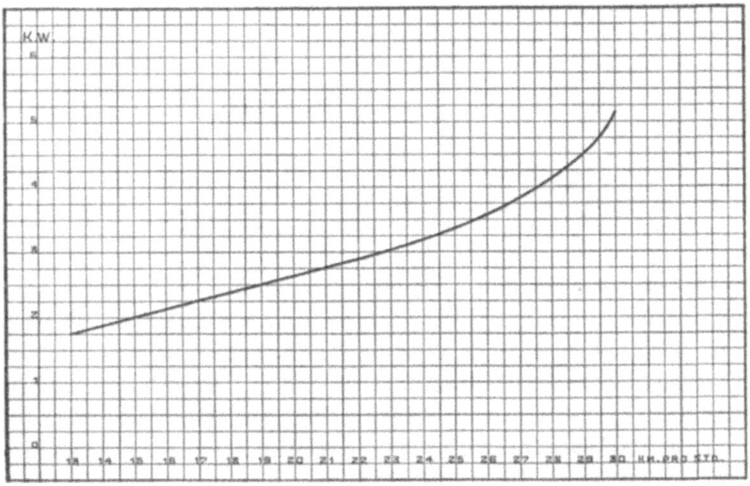

Fig. 62. Energieverbrauch eines Personenelektromobils von ca. 2 Tonnen Totalgewicht auf ebener Wegstrecke.

hierbei stärker in Wirkung tretenden Luftwiderstandes — die von der Batterie geforderte Leistung beträchtlich schneller zu, erreicht bei 30 km pro Stunde bereits 5,2 KW.

Die Kurven in Fig. 63 zeigen den Energieverbrauch in Watt-Std. für ein Wagenkilometer und ein Tonnenkilometer bei einer stündlichen Geschwindigkeit von 13—30 km. Hiernach ist der Kraftaufwand, der bei 13 km pro Stunde 133 Watt-Std. für ein Wagenkilometer beträgt, bei 20 km pro Stunde mit 130 Watt-Std. am geringsten und steigt bei 30 km pro Stunde auf 173 Watt-Std. Einer langsamen Zunahme der erforderlichen Zugkraft unterhalb der Geschwindigkeit von 20 km per Stunde steht ein scharfes Ansteigen der Verbrauchskurve gegenüber, sobald mehr als 25 km pro Stunde zurückgelegt werden. Um die mit einer Batterieladung zurückzulegende Wegstrecke zu ermitteln, ist noch zu

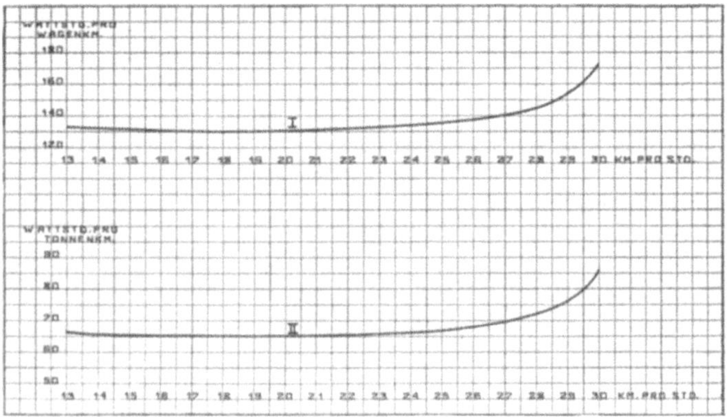

Fig. 63. Energieverbrauch eines Personenelektromobils von ca. 2 Tonnen Totalgewicht pro Wagen- und Tonnenkilometer auf ebener Wegstrecke.

berücksichtigen der Mehrverbrauch an Kraft, der durch häufiges Anfahren und gelegentliches Nehmen kurzer Steigungen entsteht. Der hierfür einzusetzende Wert beträgt etwa 10% von der auf der Versuchsstrecke ermittelten Zahl, so daß mit einem tatsächlichen Energieaufwand von ca. 145 Watt-Std. bei 20 km pro Stunde, von ca. 190 Watt-Std. bei 30 km pro Stunde zu rechnen ist, wie dies aus beistehender Tabelle XVII hervorgeht. Die mit einer Ladung zurückzulegende Wegstrecke wird ca. 92 km betragen bei einem Elektromobil, das mit einer Geschwindigkeit von 25 km pro Stunde fährt und dessen Batterie aus 64 Zellen Type H 27 — entsprechend 13,824 KWStd. Kapazität — besteht. Auf der Meßstrecke wird der Wagen bei einer mittleren Entlade-

Tabelle XVII.

Energieaufwand für ein Personenelektromobil bei verschiedenen Geschwindigkeiten und bei Fahrt auf ebener, steigungsloser Strecke mit fester Decke. Das für die Versuche benutzte Fahrzeug war mit Luftreifen versehen und wies ein Totalgewicht von rund 2 Tonnen auf.

Pos.	Geschwindigkeit per Stunde	Energieaufwand auf der Versuchsstrecke			Energieaufwand im Durchschnitt	
		total	pro Wagenkilometer	pro Tonnenkilometer	effektiv pro Wagenkilometer	effektiv pro Tonnenkilometer
	km	Kilowatt	Wattstunden	Wattstunden	Wattstunden	Wattstunden
1	13	1,73	133	67	147	74
2	20	2,6	130	65	145	72
3	25	3,4	136	68	150	75
4	27	3,78	140	70	155	77
5	30	5,2	173	87	190	95

spannung von ca. 80 Volt die Batterie mit etwa 43 Amp. belasten. Soll das Fahrzeug eine Geschwindigkeit von 27 km pro Stunde entwickeln, so empfiehlt es sich, die Batterie etwas größer zu wählen, um die Norm einzuhalten, wonach bei höchster Geschwindigkeit des Elektromobils auf der Meßstrecke die für Dauerleistung zulässige Entladestromstärke möglichst nicht überschritten werden soll. Bei Auswahl der passenden Zellentype und bei Bestimmung der Anzahl der Zellen für eine Elektromobilbatterie können die folgenden einfachen Formeln benutzt werden:

Es sei n = Anzahl der Zellen,
V = Geschwindigkeit in Kilometer pro Stunde,
a = Kapazität der Edisonzelle in Amp.-Std.
k = Energieverbrauch des Fahrzeuges in Watt-Std. pro Wagenkilometer,
e = mittlere Entladespannung der Batterie in Volt,
i = Stromstärke in Amp.,

dann ist

1. $n \cdot 1{,}23$ = mittlere Entladespannung der Batterie bei Belastung mit normaler Stromstärke,
2. die für ein Elektromobil erforderliche Zellenzahl

$$n = \frac{4V \cdot k}{a \cdot 1{,}23}.$$

Beispiel:

Ein mit Luftreifen versehenes Personen-Elektromobil von 2 t Totalgewicht soll 27 km pro Stunde zurücklegen. Nach Tabelle XVII (Seite 123) ist bei der Geschwindigkeit von 27 km pro Stunde für dieses Fahrzeug ein Energieverbrauch von 140 Watt-Std. pro Wagkm zu rechnen, also

$$n = \frac{4 \cdot 27 \cdot 140}{175 \cdot 1{,}23} = 70 \text{ Zellen H 27}.$$

Diese Batterie arbeitet mit einer mittleren Entladespannung e von $70 \cdot 1{,}23 = 86{,}1$ rund 86 Volt und leistet insgesamt 86 Volt. 175 Amp.-Std. = 15,12 KW-Std. Der durchschnittliche Energieverbrauch pro Wagkm ist nach Tabelle XVII (Seite 123) um ca. 10% höher wie durch Rechnung und auf der Versuchsstrecke ermittelt, demnach rund 155 Watt-Std. Mit einer normalen Ladung, die bei 50% Nutzeffekt 30,24 KWStd. erfordert, legt der Wagen 15,12 : 155 = 97 km zurück. An Ladeenergie sind pro Wagkm 30,24 : 97 = 310 WattStd. aufzuwenden.

3. Die von einem Elektromobil auf ebener, steigungsloser Wegstrecke verbrauchte Stromstärke i ist

$$\frac{V \cdot k}{e}.$$

Beispiel:

Das unter 2. genannte Fahrzeug würde die Batterie bei voller Geschwindigkeit von 27 km pro Stunde, einer Spannung von 86 Volt und einem Kraftverbrauch von 140 Watt-Std. pro Wagkm auf der Versuchsstrecke belasten mit

$$i = \frac{27 \cdot 140}{86} = 44 \text{ Amp.}$$

4. Die zu wählende mittlere Entladespannung soll mindestens sein

$$e = \frac{4\,V \cdot k}{a}.$$

Beispiel:

Ein Lasten-Elektromobil nach Fig. 64, gebaut für 2000 kg Nutzlast, wiegt total einschließlich Führer ca. 4000 kg. Der Wagen legt, vollbelastet, auf ebener Strecke ca. 13 km pro Stunde zurück und verbraucht nach der auf Seite 119 enthaltenen Formel:

$$E = \frac{Q \cdot w \cdot V}{270} = \frac{4 \cdot 18 \cdot 13}{270} = 3{,}46 \text{ PS}$$

à 900 Watt = 3114 Watt oder 239 rund 240 Watt-Std. pro Wagkm.

Hierbei ist der Traktionskoeffizient k mit 18 kg pro Tonne Totalgewicht eingesetzt nach der Tabelle XVI (Seite 119). Die mittlere Entladespannung der Batterie soll hiernach mindestens sein

$$e = \frac{4 \cdot 13 \cdot 240}{175} = 71 \text{ Volts.}$$

Fig. 64. Mit Edisonbatterie ausgerüstetes Lastenelektromobil für 2000 kg Nutzlast, gebaut von den Bergmann-Elektrizitätswerken A.-G. Berlin.

Statt der für diese Spannung erforderlichen 58 Zellen wird das Fahrzeug normal mit 64 Edisonzellen Type H 27 ausgerüstet, entsprechend einer Entladespannung von 79—80 Volt. Die hieraus resultierende Stromstärke i ist

$$\frac{13 \cdot 240}{80} = 39 \text{ Amp.}$$

Der durchschnittliche Kraftverbrauch pro Wagkm stellt sich wie folgt:

Durch Berechnung und auf der Versuchsstrecke ermittelt		240 Watt-Std.
Zuschlag von 10% für Anfahren und Überwinden kurzer Steigungen		24 „
		264 Watt-Std.
	rund	265 „

Die Batterie hat eine Kapazität von 13,8 KWStd., womit der Wagen 13 800 : 265 = rund 50 km zurücklegt. Bei einem Energie-Nutzeffekt von 50% erfordert die Aufladung 27,6 KWStd. oder rund 550 Watt-Std. pro Wagkm. Die mit einer Ladung zurückzulegende Wegstrecke wird durchweg mehr betragen wie 50 km, wenn das Fahrzeug, wie dies meistens der Fall ist, zeitweise nicht mit voller Last, sondern teilweise oder ganz entlastet fährt.

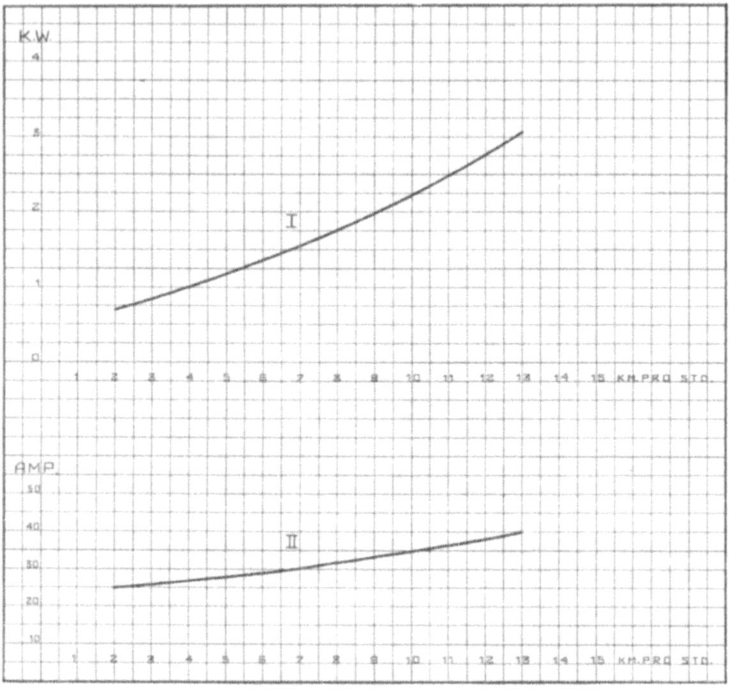

Fig. 65. Kurven des Energieverbrauches (I) und der Belastung in Amperes (II) eines Lastenelektromobils für 2000 kg Nutzlast.

5. Die erforderliche Kapazität a der Edisonbatterie in Amp-Std. wird ermittelt nach der Formel:

$$a = \frac{4 \cdot V \cdot k}{e}.$$

Beispiel A:

Ein Omnibus mit einem Fassungsvermögen von ca. 30 Personen, der ein Totalgewicht von rund 8 t aufweist, erfordert bei

20 km Geschwindigkeit pro Stunde und einem Traktionskoeffizienten von 14 kg:

$$E = \frac{8 \cdot 14 \cdot 20}{270} = 8{,}3 \text{ PS}$$

à 900 Watt = 7470 Watt oder rund 375 Watt-Std. pro Wagkm.

Wird die mittlere Entladespannung zu 150 Volt gewählt, so ist zu rechnen mit:

$$a = \frac{4 \cdot 20 \cdot 375}{150} = 200 \text{ Amp.-Std.}$$

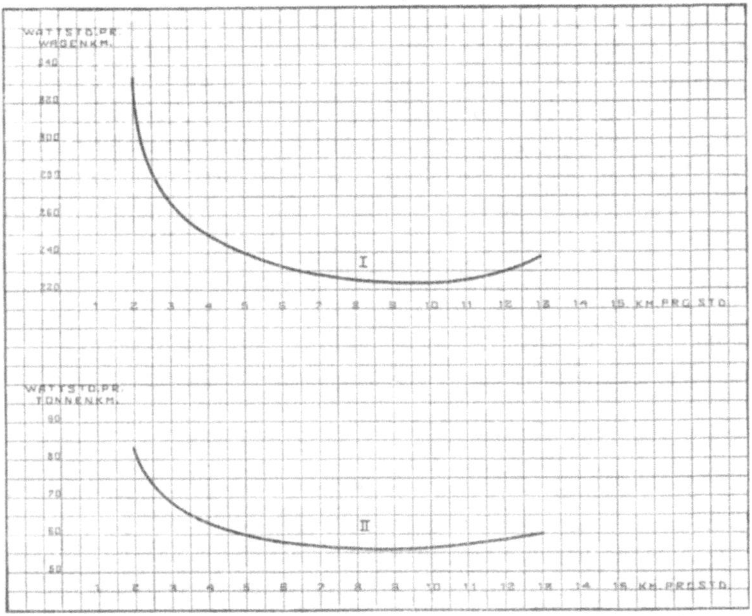

Fig. 66. Energieverbrauch eines Lastenelektromobils von 2000 kg Nutzlast pro Wagen- und Tonnenkilometer auf ebener Wegstrecke.

Die Spannung von 150 Volt erfordert 150 : 1,23 = 122 Edisonzellen der nächstgrößeren Type H 45, welche für 280 Amp.-Std. gebaut ist. Die Edisonbatterie von 122 Zellen Type H 45 wiegt einschließlich Holzträger und Kalilauge 1700 kg und leistet 280 · 150 = 42 KWStd. Bei 50% Energienutzeffekt sind zur Aufladung 84 KWStd. erforderlich. Der Wagen legt bei einem durchschnittlichen Energieverbrauch von 375 WattStd. plus 10%

= rund 415 Watt-Std. pro Wagkm rund 100 km mit einer Ladung zurück. An Ladeenergie sind pro Wagkm ca. 840 Watt-Std. aufzuwenden.

Beispiel B:

Ein kleines, mit Luftreifen versehenes Elektromobil, das zur Beförderung von 2 Personen dient und 25 km pro Stunde zurücklegen soll, wird mit einer Edisonbatterie von 46 Zellen ausgerüstet, die eine mittlere Entladespannung von 56 Volt ergeben. Das Totalgewicht des Wagens beträgt inklusive Besatzung 1,15 t. Um die Kapazität in Amp.-Std. zu bestimmen, für welche die Edisonzelle gebaut sein soll, ist zunächst der Energieverbrauch pro Wagkm zu ermitteln. Im Gegensatz zu dem unter Beispiel A genannten Omnibus, der infolge seines hohen Gewichtes von 8 t den günstigen Traktionskoeffizienten von 14 kg erreicht bei Vollgummibereifung, ist bei dem kleinen Wagen von nur 1,15 t Totalgewicht und Anwendung von Luftreifen ein Traktionskoeffizient von ca. 26 kg pro Tonne in die Rechnung einzusetzen. Dann ist:

$$E = \frac{1{,}15 \cdot 26 \cdot 25}{270} = 2{,}77 \text{ PS}$$

à 900 Watt = 2493 Watt oder 99 Watt-Std. per Wagkm.

Die erforderliche Amp.-Std.-Kapazität ist dann:

$$a = \frac{4 \cdot 25 \cdot 99}{56} = 176 \text{ Amp.-Std.}$$

Das Fahrzeug wäre also mit 46 Zellen Type H 27 zu versehen, mit einer Gesamtleistung von $46 \cdot 175 \cdot 1{,}23 = 9{,}901$ KWStd., wobei es, da der durchschnittliche Energieverbrauch pro Wagkm $99 + 10\%$ = rund 110 Watt-Std. beträgt, rund 90 km zurücklegt, bevor eine Neuaufladung erfolgen muß.

Wie vorstehende Formeln und Beispiele zeigen, stellt der Traktionskoeffizient w einen sehr wichtigen Faktor dar. Sein Wert, je nach Gewicht und Bereifung des Fahrzeuges schwankend, ist in obige Berechnungen eher zu hoch wie zu niedrig eingesetzt und werden auf Versuchsstrecken oder bei tadellos erhaltenem Pflaster zeitweise noch günstigere Ergebnisse zu erzielen sein. Andererseits führen mangelhafte Instandhaltung von Chassis und Motoren, fehlerhafte Bereifung und unsachgemäßes Handhaben des Kontrollers zu Mehrverbrauch an Energie und zur Kürzung der mit einer Ladung zurückzulegenden Wegstrecke. Solange die Einzelteile des Elektromobils in ordnungsgemäßem Zustand erhalten werden, was bei sehr geringem Aufwand an Zeit und Arbeit geschehen kann, wird die Wegleistung pro Ladung nicht beträchtlich zurückgehen, selbst wenn hin und wieder die zu befahrenden Wege sich in weniger gutem Zustande befinden. Als Beweis hierfür mag gelten eine während 17 Tagen unter besonders ungünstigen Umständen im Januar 1907 durchgeführte Beobachtung, die beim Betrieb eines Luxus-Elektromobils angestellt wurde. Das Fahrzeug war im Zentrum Berlins in Dienst gestellt, wurde mit zuverlässig arbeitendem Elektrizitätszähler versehen und legte während der Versuchszeit insgesamt 434 km zurück. Der Fahrdienst wurde auch während der in genanntem Monat außergewöhnlich starken Schneefälle aufrecht erhalten, die den durchschnittlichen Stromverbrauch in einigen Tagen von 45 Amp. auf ca. 64 Amp., den Energieverbrauch pro Wagkm von ca. 155 Watt-Std. auf ca. 220 Watt-Std. steigerten. Trotzdem stieg der durchschnittliche Kraftaufwand, bezogen auf die totale Wegstrecke von 434 km, von 155 Watt-Std. auf nur 166 Watt-Std. pro Wagkm. Bei 50% Energienutzeffekt entspricht dieser Verbrauch rund 335 Watt-Std. an Ladeenergie pro Wagkm.

Solange Wert darauf gelegt wird, eine möglichst hohe Lebensdauer zu erzielen, soll von der bisher als normal bezeichneten Belastung der Elektromobilbatterie nicht abgewichen, die Edisonzelle auf der Versuchsstrecke bei höchster Geschwindigkeit mit einer Stromstärke entladen werden, die einer Entladezeit von $3^3/_4$ rund 4 Stunden entspricht. Die durchschnittliche Entladestromstärke stellt sich bei einer derartigen Bemessung der Batterie — nach Fig. 59 — wesentlich höher, wie auf der Versuchsstrecke ermittelt und ist nach den zahlreichen und jahrelang durchgeführten Betrieben von mit Edisonbatterien ausgerüsteten Elektromobilen damit zu rechnen, daß unter solchen Umständen die Edisonzelle innerhalb der ersten 600 Entladungen etwa um 15% an Kapazität nachläßt. Vielfach verläuft der Vorgang der Kapazitätsabnahme noch langsamer und kann in jedem Fall die Batterie ihren Dienst versehen, bis die infolge verminderter Ausbeute herabgesetzte Wegleistung zum Aufrechterhalten des Betriebes nicht mehr genügt. Rechnet man damit, daß nach einem Kapazitätsabfall von ca. 15%, also nach 600 Entladungen, die

Batterie nicht weiter benutzt werden soll, so entspricht eine solche Lebensdauer etwa einer Gesamtleistung von 50 000 Wagkm bei einem Fahrzeug, das anfangs ca. 90 km, nach 600 Entladungen ca. 75 km mit einer Ladung zurücklegt. Tritt in besonderen Fällen der Wunsch nach hoher Lebensdauer gegenüber der Forderung nach möglichst kleiner und leichter Batterie zurück, so kann die vorstehend als normal bezeichnete Grenze in der Belastung zwar überschritten werden, doch ist dann, entsprechend der höheren Beanspruchung, auch mit schnellerem Kapazitätsabfall zu rechnen. Es sind in dieser Hinsicht langandauernde, sich über Jahr und Tag erstreckende Versuche angestellt worden derart, daß Elektromobilzellen normaler Größe mit gleichbleibender Stromstärke, die der doppelten normalen Belastung entsprach, entladen wurden. Trotz dieser einer zweistündigen Entladezeit gleichkommenden, hohen Stromstärke ging die Kapazität innerhalb 600 Entladungen nicht mehr wie ca. 15% zurück. Es ist jedoch hierbei in Rücksicht zu ziehen, daß diese Versuche mit gleichbleibender Stromstärke keine dem Elektromobilbetrieb gleichwertige Beanspruchung darstellen, und daß bei letzterem die unaufhörlichen Stromstöße um so höher sind, je größer die auf der Versuchsstrecke bei höchster Geschwindigkeit eines Elektromobils erreichte Entladestromstärke ist. Immerhin kann in Ausnahmefällen die normale Stromstärke für $3^3/_4$stündige Entladung soweit überschritten werden, daß sie einer ca. 3stündigen Entladezeit gleichkommt. Bei der Type H 27 mit 45 Amp. normaler Entladestromstärke würde man dabei auf etwa 60 Amp. kommen und auch dann noch Resultate erreichen, die nicht wesentlich hinter den bei normaler Beanspruchung erzielten Ergebnissen zurückbleiben. Die Bedingungen für die Lebensdauer der Edisonzellen werden bei der vorstehend angenommenen oder noch höheren Überlastung im allgemeinen um so günstiger, je besser durch zweckentsprechende Gestaltung der Betriebszeiten dafür gesorgt werden kann, daß abnormale Erwärmung der Zellen vermieden wird. Soll bei überlasteten Batterien eine bestimmte mittlere Entladespannung nicht unterschritten werden, so ist der bei abnormaler Stromstärke auftretende höhere Spannungsabfall durch größere Zellenzahl auszugleichen.

Nicht außer acht zu lassen bei Auswahl einer Batterie sind die etwa vorhandenen Steigungen, welche ein Elektromobil überwinden soll. Wie die Kurve in Fig. 67 zeigt, stellt schon eine Steigung von 5 % recht hohe Anforderungen an Motor und Batterie und wird die mit einer Ladung zu bewältigende Wegstrecke beträchtlich herabgesetzt, falls längere Steigungen zu befahren sind.

Zur Ermittlung der vom Motor eines Elektromobils zu leistenden Kraft E in PS dient bei Steigungen die auf Seite 119 genannte Formel mit der Abänderung, daß dem Traktionskoeffizienten der Betrag der Steigung, in Meter pro 1000 m Wegstrecke ausgedrückt, zugezählt wird.

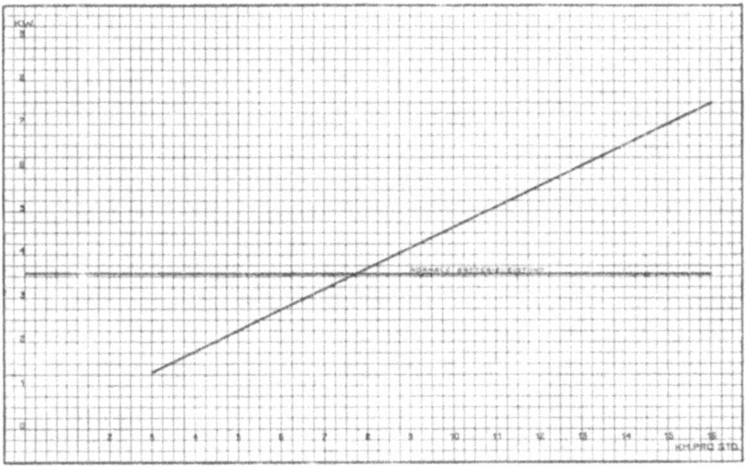

Fig. 67. Energieverbrauch eines Personenelektromobils von ca. 2 Tonnen Totalgewicht bei Befahren einer Wegstrecke, deren Steigung 5 % beträgt. Die Edisonbatterie besteht aus 64 Zellen Type H 27.

Ist Q das Totalgewicht in Tonnen,
V die Geschwindigkeit in kmStd.,
w der Traktionskoeffizient,
s die vorhandene Steigung in Meter pro 1000 m,
dann ist:

$$E = \frac{Q \cdot V \cdot (w + s)}{270}.$$

Beispiel:

Ein Personenelektromobil, das bei 25 km pro Stunde und 2 t Totalgewicht auf der Meßstrecke 136 Watt-Std. pro Wagkm verbraucht, soll bei 10 km pro Stunde eine 5prozentige Steigung nehmen. Dann ist: $w = 20$ (Traktionskoeffizient auf ebener Strecke) $+ 50$ (Steigung in Meter pro 1000 m) $= 70$, also

$$E = \frac{2 \cdot 10 \cdot 70}{270} = 5{,}18 \text{ PS}$$

à 900 Watt = 4662 Watt oder 466 Watt-Std. pro Wagkm.

Da der effektive Kraftverbrauch sich um 10% höher stellt, also auf rund 512 Watt-Std. pro Wagkm, so würde bei gleichbleibender Steigung das Fahrzeug, ausgerüstet mit einer Batterie normaler Größe von 64 Zellen H 27, deren Kapazität 13,824 KWStd. beträgt, eine Wegstrecke von ca. 27 km mit einer Ladung zurücklegen.

Nach Fig. 67 kann das Fahrzeug, ohne die normale Leistung der Batterie für Dauerbetrieb zu überschreiten, eine 5prozentige Steigung mit ca. 7,5—8 km Geschwindigkeit pro Stunde nehmen und wird dann, falls die Steigung andauernd gleich bleibt, nach ca. 30 km Wegstrecke eine Aufladung der Zellen stattfinden müssen.

Soll das Elektromobil mit 25 km pro Stunde Steigungen befahren, so belastet nach Fig. 68 Kurve I schon eine Steigung von 2,5% Motor und Batterie mit

$$E = \frac{2 \cdot 25 \cdot 45}{270} = 8{,}33 \text{ PS}$$

à 900 Watt = 7,497 KW.

Die normale Leistung der Batterie von 64 Zellen H 27 beträgt aber nur 3,6 KW oder 4 PS.

Nach Kurve II der Fig. 68 wird die normale Belastungsgrenze der Batterie mit 3,6 KW erreicht, wenn das vorgenannte Fahrzeug mit 10 km pro Stunde eine Steigung befährt von 3,5%. Die Batterie wird mit ca. 7,8 KW in Anspruch genommen, wenn die Geschwindigkeit von 10 km pro Stunde noch bei einer Steigung von 10% beibehalten wird.

Ein gut konstruierter, mit Edisonbatterie versehener Wagen kann anstandslos hin und wieder vorkommende kurze Steigungen bis zu 10% bei reduzierter Geschwindigkeit befahren, doch zeigen die hier angeführten Beispiele und die Kurven in den Figuren 67 und 68, daß in ausgesprochen bergigem Terrain das Elektromobil nicht am richtigen Platz ist. Dauerndes Überwinden starker Steigungen erfordert einen Aufwand an Energie, der schneller zur Erschöpfung der Batterie führt, wie das bei Fahrten auf normalen Wegstrecken oder solchen mit nur kurzen und geringen Steigungen der Fall ist. Das gleiche gilt von sandigen, aufgeweichten Landwegen, bei denen ebenfalls der Energieverbrauch so hoch ansteigen kann, daß ein rationelles Arbeiten des Elektromobils in Frage gestellt wird. Die eigentliche Domäne

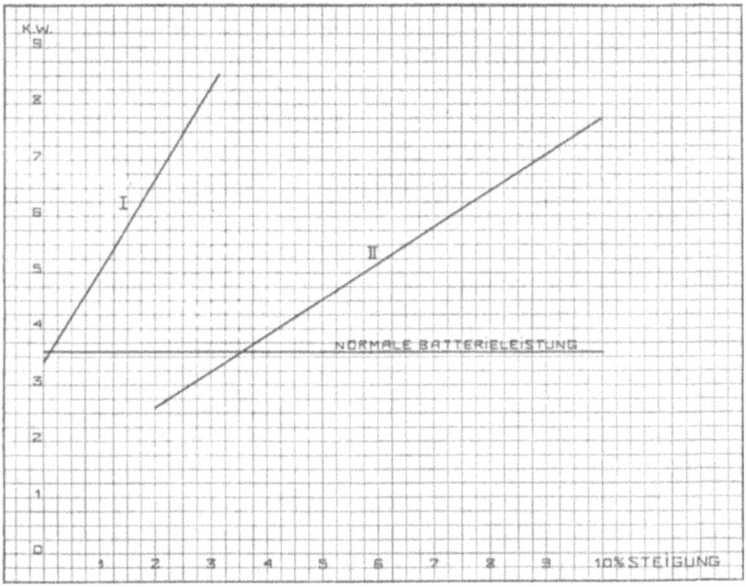

Fig. 68. Energieverbrauch eines Personenelektromobils von ca. 2 Tonnen Totalgewicht bei Befahren von Steigungen mit 25 km pro Stunde (Kurve I) und mit 10 km pro Stunde (Kurve II). Die Edisonbatterie besteht aus 64 Zellen Type H 27.

des elektrischen Wagens sind die mit fester Decke versehenen Straßen der Groß- und Kleinstädte. Außerhalb des Stadtgebietes ist das Elektromobil dort am Platze, wo bei wenigen oder kurzen Steigungen die Wegstrecken, welche mit einer Batterieladung zurückgelegt werden können, den gestellten Anforderungen genügen und wo die Fahrstraßen sich in gutem Zustande befinden.

Im Vordergrund des Interesses steht bei Einführung des Kraftwagenbetriebes die Kalkulation der voraussichtlichen Betriebskosten. Diese sind in der Hauptsache abhängig von:

a) der Größe des Fahrzeuges,
b) der Länge der zurückgelegten Wegstrecke,
c) der Beschaffenheit der Straßen,
d) dem für Ladeenergie zu zahlenden Betrag,
e) der mehr oder weniger sachgemäßen Behandlung.

Während die Ausgaben für a, b, c und d sich mit ausreichender Genauigkeit in Mark und Pfennigen ausdrücken lassen, ist dies bei Position e nicht der Fall. Und doch darf die Frage nach sachgemäßer Behandlung eines Kraftwagens nicht außer acht gelassen werden, nicht unerörtert bleiben, da ihre richtige Lösung von einschneidendster Bedeutung für das wirtschaftliche Ergebnis eines Betriebes ist. Wird dem Elektromobil nur ein Bruchteil der Aufmerksamkeit und Arbeit gewidmet, die ein Benzin-Auto täglich zu seiner ordnungsgemäßen Instandhaltung unbedingt erfordert, so ist ein ungestörter Betrieb auch gesichert. Die Überwachung des Elektromobils ist gegenüber dem Benzin-Auto schon dadurch sehr vereinfacht, daß mit Hilfe des an ersterem angebrachten Meßinstrumentes sofort festzustellen ist, ob der Kraftverbrauch des Wagens ein normaler ist oder nicht. Jede in den Lagern des Motors, des Übersetzungsmechanismus und der Räder auftretende abnormale Reibung macht sich durch größere Belastung des Motors bemerkbar und wird vom Meßinstrument angezeigt. Das gleiche ist der Fall bei schlecht instandgehaltener Bereifung, bei ungenügend aufgepumpten Luftschläuchen und ähnlichen Fehlern. Ein aufmerksamer Fahrer wird die Ursache des unnötigen Kraftaufwandes mühelos erkennen und rechtzeitig beseitigen, so daß dann größere Ausgaben für Reparaturen recht selten sind, sich durchweg vermeiden lassen. Die überaus einfache Handhabung des mit Edisonbatterie ausgerüsteten Elektromobils gestattet es auch, als Führer Leute zu wählen, die ein Handwerk nicht gelernt haben.

Bei Benutzung eines für Lastenbeförderung und zwar für eine Nutzlast von 2000 kg gebauten Elektromobils ist mit folgenden Ausgaben zu rechnen:

1. Verzinsung des Anlagekapitals,
2. Amortisation des Chassis mit Oberbau,
3. Amortisation der Edisonbatterie,
4. Destilliertes Wasser und Kalilauge für die Edisonbatterie,
5. Elektrische Energie zum Aufladen der Batterie,

6. Gummibereifung,
7. Reparaturen infolge natürlicher Abnutzung,
8. Putz- und Schmiermaterialien, Unvorhergesehenes,
9. Lohn für den Wagenführer.

1. Verzinsung des Anlagekapitals.

Der Anschaffungspreis für einen betriebsfertigen Lastwagen, wie in Fig. 64 dargestellt, stellt sich einschließlich einfachem Oberbau auf 10 000 M. Die Verzinsung zu 4 % pro anno ergibt eine jährliche Ausgabe von . . . . M. 400,—

2. Amortisation des Chassis mit Oberbau.

Von dem unter Pos. 1 genannten Preise von. . .		M. 10 000,—
entfallen auf die Edisonbatterie .	M. 2660,—	
„ „ Gummibereifung	„ 1200,—	
so daß abzusetzen sind		„ 3 860,—
wonach ein Betrag verbleibt von		M. 6 140,—
Bei einer Amortisationsquote von 15 % sind jährlich abzuschreiben		M. 921,—

3. Amortisation der Edisonbatterie.

Das mit einer Edisonbatterie ven 64 Zellen Type H 27 versehene Fahrzeug wird im Durchschnitt etwa 60 km mit einer Aufladung der Batterie zurücklegen. Rechnet man mit nur 600 Aufladungen, bevor die Batterie durch neue Zellen ersetzt wird, so entspricht diese Lebensdauer rund 600 · 60 = 36 000 Wagkm oder 36 000 · 4 = 144 000 Brutto-tkm, oder 36 000 · 2 = 72 000 Nutz-tkm. Werden im Jahr an 300 Betriebstagen je 40 km = 12 000 Wagkm zurückgelegt, so ist die Batterie mit $33^1/_3$% zu amortisieren. Bei einem Anschaffungspreis von M. 2660,— der Edisonbatterie entfallen auf die Holzträger M. 100. Bei Anschaffung einer neuen Batterie werden 10 % vom Listenpreis der Zellen gutgeschrieben. Es ist somit zu rechnen:

Preis der Edisonbatterie.	M. 2660,—
./. 10% von M. 2560,—	„ 256,—
	M. 2404,—
davon $33^1/_3$% pro Jahr	„ 801,—

4. Destilliertes Wasser und Kalilauge für die Edisonbatterie.

Der Verbrauch an destilliertem Wasser für eine Zelle H 27 stellt sich für eine Aufladung auf ca. 0,035 Liter. Es sind also bei 64 Zellen für eine Ladung der Batterie 2,24 l, im Jahre bei 200 Ladungen 448 Liter Wasser erforderlich, die bei einem Preis von M. 3,— pro 100 l M. 13,44 kosten, rund M. 15,—. Die Kalilauge wird einmal im Jahre gewechselt. Erforderlich sind für 64 Zellen H 27 rund 175 kg, Preis M. 37,50 pro 100 kg, demnach M. 65,—, in Summa für Kalilauge und destilliertes Wasser M. 80,—

5. Ladeenergie zum Aufladen der Batterie.

Diese Kosten sind starken Schwankungen unterworfen und richten sich nach dem Preis, der pro KWStd. zu zahlen ist. Für Kraftzwecke berechnet zum Beispiel das Berliner Elektrizitätswerk 16 Pf. für eine KWStd. Bei eigener Erzeugung sinken die Kosten für die gleiche Energiemenge auf 10 Pf., 5 Pf. und darunter.

Die volle Aufladung einer Batterie von 64 Zellen H 27 erfordert, falls in $3^3/_4$ Stunden vorgenommen, bei 50% Energienutzeffekt etwa 28 KWStd., 200 Aufladungen also 5600 KWStd., die bei 60 km pro Ladung einer Wegstrecke von 12 000 km entsprechen.

Es sind dann zu zahlen pro Jahr:

bei einem Preis von 16 Pf. pro KWStd.	M. 896,—
„ „ „ „ 10 „ „ „	„ 560,—
„ „ „ „ 5 „ „ „	„ 280,—

6. Gummibereifung.

Die Abnutzung der Gummireifen ist zum Teil von der Beschaffenheit der zu befahrenden Wege, dem mehr oder weniger guten Pflaster abhängig, in weitaus größerem Maße jedoch von der sachgemäßen Handhabung des Kontrollers und der Bremsen. Auch der beste Gummireifen muß vorzeitig zugrunde gehen, wenn beim Anfahren der Kontrollerhebel zu schnell über die einzelnen Schaltkontakte fortbewegt wird und das Fahrzeug der erhöhten Umdrehungszahl des Motors nicht folgen kann. Eine solche Handhabung des Schalthebels muß notgedrungen zu Beschädigungen der Gummibereifung führen, wie das in ähnlicher Weise der Fall ist bei plötzlichem Abbremsen eines in rascher Fahrt befindlichen Wagens, wobei die an der Drehung verhinderten Reifen über das Pflaster hinwegschleifen. Beobachtet der Fahrer die nötige Sorgfalt beim Fahren und Bremsen, so kann mit einer Lebensdauer der Vollgummireifen von 15 000 km Wegstrecke gerechnet werden. Bei einem Preis der Bereifung von M. 1200,— und 12000 km Wegstrecke ergibt das pro Jahr M. 960,—.

7. Reparaturen infolge natürlicher Abnutzung.

Hierfür sind etwa 5% von M. 6140,—, dem Wert des Fahrzeuges ohne Edisonbatterie und Gummireifen zu rechnen = M. 307,—.

8. Putz- und Schmiermaterial, Unvorhergesehenes.

Die Kosten für Putz- und Schmiermaterial sind beim Elektromobilbetrieb sehr gering und kommt man hierfür einschließlich der Ausgaben für Unvorhergesehenes aus pro Jahr mit M. 100,—.

9. Lohn für den Wagenführer.

Die dem Fahrer zu zahlenden Lohnsätze schwanken je nach den örtlichen Verhältnissen. Als Durchschnitt kann man rechnen mit einer Ausgabe pro Jahr von M. 1500,—.

Nicht unbeträchtlich können die vorstehend approximativ genannten Unkosten reduziert werden, wenn an Stelle von Gummibereifung die für viele Betriebe empfehlenswerte Eisenbereifung gewählt wird. Die Ausgaben stellen sich dann wie folgt:

1a) Verzinsung des Anlagekapitals.

Der Anschaffungspreis des gleichen Lastwagens wie unter 1 angeführt, stellt sich bei Eisenbereifung auf	M. 9200,—
Bei einer Verzinsung von 4% pro anno sind aufzuwenden	„ 368,—

2a) Amortisation des Chassis mit Oberbau.

Von dem unter 1a genannten Kaufpreis von . . .	M. 9200,—
entfallen auf die Edisonbatterie	„ 2660,—
so daß ein Betrag verbleibt von	„ 6540,—

der mit 15% zu verzinsen ist = M. 981,—.

7a) Reparaturen infolge natürlicher Abnutzung.

Hierfür sind etwa 5% von M. 6540,—, dem Wert des Fahrzeuges ohne Batterie zu rechnen	M. 327,—

Die übrigen Positionen bleiben nach Ausscheiden der Gummireifen unverändert.

In ähnlicher Weise lassen sich die Ausgaben für größere Lastwagen, wie auch für Personen-Elektromobile berechnen. Für letztere kommen naturgemäß als Bereifung nur Luftschläuche oder Vollgummireifen in Frage, während bei Lastwagen, solange die Geschwindigkeit etwa 15 km pro Stunde nicht überschreitet, die Anwendung von Eisenbereifung stets in Erwägung gezogen werden sollte. Nur ist dabei zu beachten, daß Eisenreifen das Fahren bei mit Schnee bedeckten Straßen im Winter erschweren, weshalb dort, wo mit Eis und Schnee gerechnet werden muß, zweckmäßig neben der Eisenbereifung ein Satz Räder mit Vollgummireifen als Reserve beschafft wird.

Die Tabellen XVIIIa und XVIIIb gewähren eine Übersicht über die Betriebskosten verschiedener Elektromobile, wie solche für Personen- wie Lastenbeförderung in Frage kommen und sich in gleicher oder ähnlicher Bauart seit einer Reihe von Jahren in Betrieb befinden.

Zu den einzelnen Daten der Tabellen XVIIIa und XVIIIb ist noch zu bemerken:

Bauart, Preis, Bereifung.

Die Preise sind schätzungsweise eingesetzt für solide gebaute Fahrzeuge mit einfachem Oberbau. Werden an letzteren besondere Anforderungen gestellt, so erhöht sich der Preis entsprechend. Wird von einer bestimmten Wagentype eine Anzahl gleichzeitig beschafft, so kann unter Umständen noch mit niedrigeren Preisen gerechnet werden. Wie das Beispiel der Lastwagen für 5000 und 2000 kg Nutzlast zeigt, wird an Anschaffungskosten erheblich gespart bei Verwendung von Eisenbereifung. Im übrigen sind die hier angenommenen Preise natürlich nicht als in jedem Fall feststehend zu betrachten, sondern unterliegen Schwankungen, sind abhängig von den für Rohmaterialien zu zahlenden Preisen, Lohnsätzen usw.

Betriebstage, Wegstrecke.

Die Anzahl der jährlichen Betriebstage richtet sich in erster Linie nach den Anforderungen, die an das Fahrzeug gestellt werden. Ferner wird man damit rechnen müssen, daß bei vielen Betrieben die Sonn- und Feiertage ausfallen. Gleich den Lastwagen wird auch der unter Pos. 8 genannte Zweisitzer

(Fig. 69) schwerlich für mehr wie 300 Tage im Jahr benutzt werden. Dagegen kommt für den unter Pos. 7 genannten Personenwagen, sobald er als Droschke benutzt wird, Tag- und Nachtbetrieb in Frage, so daß ein solches Fahrzeug dann wesentlich größere Gesamtstrecken pro Jahr zurücklegt wie in der Tabelle angegeben. Ähnlich liegen die Verhältnisse bei dem unter Pos. 6 aufgeführten Omnibus, der beim Verkehr in der Großstadt und bei angestrengtem Dienst bis zu 50% Mehrleistung pro Jahr erzielen kann. Bei allen Wagen ist die pro Ladung zurückzulegende Wegstrecke von der Größe der Batterie, der Beschaffenheit der zu befahrenden Wege und dem Totalgewicht abhängig.

Fig. 69. Mit Edisonbatterie ausgerüstetes Personenelektromobil — Zweisitzer — gebaut von den Bergmann-Elektrizitätswerken A.-G.

Die täglich zu bewältigende Wegstrecke kann gesteigert werden durch Nachladen oder — wie bei Droschken- und Omnibusbetrieb üblich — durch Auswechseln der Batterie. Die Gesamtleistung pro Jahr ist bei Kraftfahrzeugen mit abhängig von der Zahl der Ruhetage, die durch Reparaturen bedingt sind. Bei der einfachen Konstruktion des Elektromobils sind jedoch die durch Reparaturen verursachten Zeitverluste äußerst gering. Es genügt im allgemeinen, solange nicht Tag- und Nachtbetrieb aufrecht erhalten werden soll, eine einmalige gründliche Revision pro Woche, die ev. am Sonntag vorgenommen werden kann, um ungestörten Betrieb zu sichern.

Tabelle XVIII a.

Zusammenstellung der Betriebskosten von Elektromobilen für Personen- und Lastenbeförderung. Generelle Angaben über Bau und Betriebsweise.

Pos.	Bauart und Verwendungszweck	Preis des Elektromobils	Art der Bereifung	Betriebstage pro Jahr	Wegstrecke pro			Geschwindigkeit pro Stunde	Traktionskoeffizient	Totalgewicht bei Vollbelastung	Effektiver Energieverbrauch pro		Aufwand an Ladeenergie		Edisonbatterie			
					Tag	Ladung	Jahr				Wag-km	Brutto-tkm	Aufladung	pro Jahr	Anzahl der Zellen	Type	Kapazität in Ampere-Std.	Kapazität in Kilowatt-Std.
		M			km	km	km	km		Tonnen	Watt-Std.	Watt-Std.	Kilowatt-Std.	Kilowatt-Std.				
1	Lastwagen für 5000 kg Nutzlast	19500,—	Vollgummi	300	80	80	24000	12	14	10	515	51,5	84	25200	122	H 45	280	42
2	Lastwagen für 5000 kg Nutzlast	16500,—	Eisen	300	80	80	24000	12	14	10	515	51,5	84	25200	122	H 45	280	42
3	Lastwagen für 2000 kg Nutzlast	10000,—	Vollgummi	300	40	60	12000	13	18	4	265	66	28	5600	64	H 27	175	13,8
4	Lastwagen für 2000 kg Nutzlast	9200,—	Eisen	300	40	60	12000	13	18	4	265	66	28	5600	64	H 27	175	13,8
5	Lieferungswagen für 500 kg Nutzlast	7500,—	Vollgummi	300	70	70	21000	20	23	1,6	135	84	19,87	5961	46	H 27	175	9,93
6	Omnibus für 30 Personen	21000,—	Vollgummi	300	100	100	30000	20	14	8	415	52	84	25200	122	H 45	280	42
7	Personenwagen für 6 Personen inkl. Fahrer.	11500,—	Pneumatik	300	90	90	27000	27	20	2	155	78	30,24	9072	70	H 27	175	15,12
8	Personenwagen für 2 Personen und 1 Notsitz.	7000,—	Pneumatik	300	60	90	18000	25	26	1,15	110	95	19,87	3974	46	H 27	175	9,93

Tabelle XVIIIb. (Fortsetzung von Tabelle XVIIIa.)

Zusammenstellung der Betriebskosten von Elektromobilen für Personen- und Lastenbeförderung. Einzel- und Totalausgaben pro Jahr, Wagenkilometer, Bruttotonnenkilometer, Nutztonnenkilometer.

Pos.	Bauart und Verwendungszweck	Ausgaben pro Jahr, in ℳ (obere Reihe) Ausgaben pro Wagenkilometer, in ₰ (untere Reihe)											Gesamtunkosten bei einem Preis pro KW-Std. von 16 ₰ (obere Reihe) 10 ₰ (mittlere Reihe) 5 ₰ (untere Reihe)			
		Verzinsung bei 4% p. a.	Amortisation von Chassis und Oberbau	Amortisation der Edisonbatterie	Destilliertes Wasser und Kalilauge	Ladeenergie bei einem Preis pro KW-Std. von 16 ₰	10 ₰	5 ₰	Gummibereifung	Reparaturen an Chassis und Oberbau	Putz- u. Schmiermaterial, Unvorhergesehenes	Lohn für den Fahrer	pro Jahr ℳ	pro Wagen-km ₰	pro Brutto-tkm ₰	pro Nutz-tkm ₰
1	Lastwagen für 5000 kg Nutzlast	780,—	1295,40	3556,80	265,—	4032,—	2520,—	1260,—	4800,—	863,60	400,—	1800,—	17792,80	74,13	7,41	14,82
		3,25	5,4	14,82	1,1	16,8	10,5	5,25	20,—	3,6	1 66	7,5	16480,80	68,67	6,86	13,72
													15220.00	63,42	6,34	12,68
2	Lastwagen für 5000 kg Nutzlast	660,—	1295,40	3556,80	265,—	4032,—	2520,—	1260,—	—	863,60	400,—	1800,—	12872,80	53,63	5,36	10,72
		2,75	5.4	14,82	1,1	16,8	10,5	5,25	—	3,6	1,66	7,5	11360,80	47,33	4,73	9,46
													10100,80	42,08	4,20	8,40
3	Lastwagen für 2000 kg Nutzlast	400,—	921,—	801,—	80,—	896,—	560.—	280,—	960,—	307,—	100,—	1500,—	5965,00	49,70	12,42	24,84
		3,33	7,67	6,67	0,66	7,46	4,66	2,33	8,—	2,55	0,83	12,5	5629,00	46,90	11,72	23,44
													5349,00	44,57	11,14	22,28
4	Lastwagen für 2000 kg Nutzlast	368,—	981,—	801,—	80,—	896,—	560,—	280,—	—	327,—	100,—	1500,—	5053,00	42,10	10,52	21,04
		3,06	8,17	6,67	0,66	7,46	4,66	2,33	—	2,72	0,83	12,5	4712,00	39,30	9,81	19,62
													4437,00	36,97	9,24	18,48
5	Lieferungswagen für 500 kg Nutzlast . . .	300,—	748,50	773,—	60,—	953,85	596,16	298,03	1120,—	499,—	115,—	1500,—	6069,35	28,90	18,06	57,80
		1,43	3,56	3,71	0,28	4,54	2,84	1,42	5,33	2,37	0,55	7,14	5711,66	27,19	16,99	54,39
													5413,58	25,77	16,11	51,55
6	Omnibus für 30 Personen . .	840,—	1595,40	3556,80	265,—	4032,—	2520,—	1260,—	5000,—	1063,60	500,—	1800,—	18652,80	62,17	7,79	—
		2,8	5,32	11,85	0,9	13,44	8,4	4,2	16,66	3,54	1,66	6,—	17140,80	57,13	7,14	—
													15880,80	52,93	6,61	—
7	Personenwagen für 6 Personen inkl. Fahrer	460,—	1147,50	1310,—	92,50	1451,52	907,20	453,60	2850,—	765,—	200,—	1500,—	9776,52	36,20	18,10	—
		1,7	4,25	4,85	0,34	5,37	3,36	1,68	10,55	2,83	0,74	5,55	9232,20	34,19	17,09	—
													8778,60	32,51	16,25	—
8	Personenwagen für 2 Personen u. 1 Notsitz	280,—	703,50	515,—	60,—	617,80	397,40	198,70	1200,—	371,75	100,—	—	3848,05	21,37	18,59	—
		1,55	3,9	2,86	0,33	3,43	2,2	1,1	6,66	2,06	0,55	—	3627,65	20,15	17,52	—
													3428,95	19,04	16,56	—

Geschwindigkeit, Traktionskoeffizient, Totalgewicht.

Die in Tabelle XVIIIa genannte Geschwindigkeit versteht sich für vollbelastete Fahrzeuge. Bei geringer Last oder bei Leerlauf erhöht sich die Geschwindigkeit der Lasten-Elektromobile und der Omnibusse noch um etwa 10—20 %; bei den Personenwagen nach Pos. 7 und 8, bei denen die beförderten Personen einen verhältnismäßig geringen Teil des Totalgewichtes ausmachen, wird die pro Stunde zurückzulegende Wegstrecke weniger wie bei den Lastwagen durch Verändern der Nutzlast beeinflußt.

Der Traktionskoeffizient ist nach früher bereits erörterten Grundsätzen bemessen und für Vollgummi- bzw. Eisenbereifung gleich hoch angesetzt. Es werden zwar bei wechselnder Beschaffenheit des Pflasters mit Eisenreifen teilweise günstigere Resultate erzielt wie mit Vollgummi, doch stellt sich der Energieverbrauch im Durchschnitt bei beiden Arten der Bereifung ziemlich genau gleich.

Das Totalgewicht ist für volle Belastung angenommen, während es in der Praxis natürlich keine gleichbleibende Zahl darstellt. Wenn jedoch die zeitweise herabgesetzte Nutzlast für einen bestimmten Zeitabschnitt eine geringere Leistung in Tonnenkilometer ergibt, so ist es andererseits ohne weiteres möglich, diese Minderleistung durch öfteres Aufladen der Batterie und Bewältigung einer größeren Wegstrecke wieder auszugleichen. Es können daher, ohne das Fahrzeug irgendwie abnormal zu beanspruchen, die als Jahresleistung eingesetzten Zahlen erreicht oder überschritten werden.

Energieverbrauch pro Wagkm und tkm, Ladeenergie, Edisonbatterie.

Der Energieverbrauch des Fahrzeuges ist, wie ebenfalls früher schon dargelegt, von Gewicht, Geschwindigkeit, Traktionskoeffizient und Art der zu befahrenden Wege abhängig und gültig unter der Voraussetzung, daß gut gepflasterte Straßen ohne nennenswerte Steigungen vorhanden sind. Der Aufwand an Ladeenergie ist unter der Annahme berechnet, daß die Edisonbatterie mit rund 50 % Nutzeffekt in Watt-Std. arbeitet. Etwaige Verluste, die durch Umformer, durch Vorschalten von Ladewiderständen entstehen, sind nicht berücksichtigt. Die Größe der Batterie ist so gewählt, daß ein absolut sicherer Betrieb gewährleistet ist.

Verzinsung, Amortisation, Reparaturen.

Die Verzinsung des Anschaffungskapitals ist, wie üblich, zu 4% pro anno berechnet.

Für Amortisation von Chassis und Oberbau sind bei allen Fahrzeugen 15% pro anno eingesetzt und ist der mehr oder weniger starken Inanspruchnahme durch die Höhe des Reparatursatzes Rechnung getragen. Es sind für Reparaturen an Chassis und Oberbau berechnet bei Pos. 1, 2, 5 (Fig. 70), 6, 7, je 10%, bei Pos. 3 und 4 je 5%, bei Pos. 8 7,5% pro anno. Die Ausgaben für Amortisation und Verzinsung sind, wie üblich, für jedes Jahr

Fig 70. Mit Edisonbatterie ausgerüsteter Lastenelektromobil—Lieferungswagen — für 500 kg Nutzlast, gebaut von den Bergmann-Elektrizitätswerken A.-G.

gleich hoch bemessen, was streng genommen nicht richtig ist. Naturgemäß wachsen mit der Dienstzeit auch die Reparaturkosten und sind bei sachgemäßer Instandhaltung während der ersten Jahre weniger Aufwendungen für Ersatz von Einzelteilen zu machen wie später. Ebenso sollte die Höhe der Abschreibung sich nach der Anzahl der Dienstjahre richten, das heißt der jährlich abzuschreibende Betrag sollte mit zunehmendem Alter des Fahrzeuges steigen. Da es sich jedoch im vorliegenden Fall darum handelt, Durchschnittszahlen aufzustellen, so ist die allgemein gültige Regel auch hier eingehalten. Die Amortisation der Edisonbatterie ist ermittelt auf Grund einer Lebensdauer von

600 vollen Entladungen. Von dem Anschaffungspreis einer neuen Batterie sind 10 % vom Listenpreis der Zellen in Abzug zu bringen für Rückgabe des Altmaterials. Nur selten wird es erforderlich sein, eine Batterie zu erneuern schon nach einem Kapazitätsabfall von 15 %. Vielfach wird man unter entsprechend oft wiederholter Aufladung die Zellen noch weiter benutzen können, sie ev. in Fahrzeuge einbauen, die kürzere Strecken mit einer Ladung zurückzulegen haben. Die Amortisationsquote der Batterie pro Wagkm. wird daher meistens niedriger ausfallen wie hier angenommen.

Ausgaben für Ladeenergie.

Die stark voneinander abweichenden Beträge, welche für elektrische Energie zu zahlen sind, ließen es zweckmäßig erscheinen, die Ausgaben unter Annahme verschiedener Strompreise zu berechnen. Der als höchster Satz eingesetzte Betrag von 16 Pf. pro KWStd. dürfte zurzeit nur in wenigen Fällen überschritten werden. Für Aufladen von Akkumulatoren ist von Zentralstationen stellenweise ein ermäßigter Satz von 10 Pf. pro KWStd. auch dort eingeführt, wo Kraftstrom im allgemeinen zu höheren Preisen geliefert wird. Namentlich ist das der Fall bei größerem Bedarf, bei Betrieb von Droschkenunternehmungen usw. In industriellen Betrieben, welche den Strom in eigener Anlage erzeugen, kann teilweise mit erheblich niedrigeren Sätzen gerechnet werden. Es erscheint auch sehr wohl berechtigt, dort, wo überschüssige Ladeenergie vorhanden ist, für letztere nur den tatsächlichen Mehraufwand an Brennmaterial, an Kohle, Gas usw. zu rechnen, die Beträge für Amortisation, Verzinsung, Bedienung der Anlage unberücksichtigt zu lassen. Man kommt dann zu Ausgaben, die oft genug noch unterhalb 5 Pf. pro KWStd. liegen. Mit der vermehrten Einführung der Überlandzentralen wird übrigens sehr bald ohnehin an zahlreichen Orten Ladeenergie zu weit geringeren Preisen zur Verfügung stehen wie solche zurzeit noch im Anschluß an Stadtzentralen gezahlt werden müssen.

Gummibereifung.

Die für Ersatz von Vollgummi zu zahlenden Beträge sind ermittelt unter Zugrundelegung einer Lebensdauer von 15 000 Wagkm. Die bei Vollgummibereifung recht teuren Stahlfelgen sind als zum Chassis gehörig angesehen und daher bei Amortisation des letzteren mit berücksichtigt.

An Pneumatikbereifung sind bei dem Personenwagen nach Pos. 7 pro Jahr 3 volle Garnituren, bei dem kleinen Wagen nach Pos. 8 2 solche in Anrechnung gebracht. Auch hier kann es sich nur darum handeln, einen den tatsächlichen Ausgaben möglichst nahekommenden Durchschnittssatz zu ermitteln. Die Abnutzung der zur Pneumatikbereifung gehörenden Einzelteile weicht stark voneinander ab. Die Lebensdauer der Decken, namentlich der mit Gleitschutz versehenen, pflegt wesentlich geringer zu sein wie die der Luftschläuche.

Destilliertes Wasser, Putz- und Schmiermaterialien, Unvorhergesehenes, Lohn für den Fahrer.

Der Verbrauch an destilliertem Wasser ist abhängig von der Anzahl der Ladungen und Größe der Batterie, wie bereits früher erläutert. Bei den für die Kalilauge zu zahlenden Beträgen ist einmaliger Wechsel der Lauge pro Jahr angenommen.

Die für Putz- und Schmiermaterial sowie Unvorhergesehenes berechneten Summen beruhen auf in praktischen Betrieben erzielten Ergebnissen.

Der Lohn für den Fahrer schwankt und richtet sich nach den ortsüblichen Sätzen.

Bei Pos. 8 ist ein Führer nicht vorgesehen, da derartige kleine Personenwagen meistens vom Besitzer selbst gesteuert werden.

Bei den Gesamtunkosten interessieren, soweit die Lastwagen in Betracht kommen, namentlich die Ausgaben pro Nutz-tkm. Sie sind hauptsächlich beeinflußt einmal durch die Kosten für Ladeenergie, ferner durch die für Bereifung zu zahlenden Beträge. Die Ersparnisse bei Verwendung von Eisenbereifung gegenüber Vollgummireifen betragen bei dem Lastwagen für 2000 kg Nutzlast ca. 20 %, bei dem größeren Fahrzeug für 5000 kg Nutzlast ca. 25—30 %. Beide Fahrzeuge können mit durch Pferde betriebenen Wagen sehr wohl konkurrieren, sowohl bei Benutzung von Eisen- wie von Vollgummibereifung. Fahren die Kraftwagen einerseits nicht fortgesetzt unter den angenommenen Bedingungen, also nicht mit voller Last, so ist andererseits zu berücksichtigen, daß sich bei den einzelnen Positionen noch mancherlei Ersparnisse erzielen lassen. Insbesondere ist das der Fall bei der Ladeenergie. Der Nutzeffekt der Edisonbatterie ist mit nur 50 % eingesetzt, kann aber beträchtlich — bis auf 65 und 70 % — gesteigert werden, wenn die Aufladungen nicht bis zur normalen Aufnahmefähigkeit der Batterie durchgeführt werden. Ferner sind bei größerem Bedarf die Gummireifen billiger zu beschaffen wie hier angenommen.

Das gleiche gilt für die übrigen Wagen. Bei dem Omnibus nach Pos. 6 zum Beispiel wird der Satz von 16,6 Pf. pro Wagkm für Gummiersatz sich im Großbetriebe noch wesentlich ermäßigen lassen.

Auch der Betrag von 10,55 Pf. für Erneuern der Pneumatiks bei dem Personenwagen nach Pos. 7 ist reichlich bemessen und wird in Droschkenbetrieben mit starkem Jahresbedarf sich niedriger gestalten.

Bei allen Fahrzeugen ist schließlich die Unterhaltungsquote für die Edisonbatterie noch reduzierbar, solange es sich um Betrieb einer größeren Anzahl von Wagen handelt.

Um den Elektromobilbetrieb mit Erfolg durchzuführen, ist Bedingung, daß die in Tabelle XVIII a und b genannten laufenden Ausgaben keinen allzu erheblichen Schwankungen unterliegen und daß die Leistung der Fahrzeuge sich für möglichst lange Zeitdauer auf gleicher Höhe hält. Beides ist nur zu erreichen durch zweckmäßige, solide Konstruktion von Chassis und Oberbau, sowie durch Anwendung einer Batterie von hoher Lebensdauer und auf geraume Zeit gleichbleibender oder nur langsam abfallender Kapazität. Chassis mit Elektromotor, Kontroller, Meßinstrument und Leitungen wie auch der Oberbau sind bei dem derzeitigen Stand der Automobiltechnik ohne Schwierigkeiten sachgemäß und dauerhaft herzustellen, so daß die Betriebskosten hinsichtlich Amortisation und Reparaturen Größen darstellen, die Veränderungen wenig unterworfen sind. Ebenso kann bei der Gummibereifung mit Zahlen von ausreichender Genauigkeit gerechnet werden. Der Energieverbrauch des Elektromobils ist zunächst von der mechanischen Konstruktion des Chassis und von der Bauart des oder der Elektromotoren abhängig. Die Fahrzeuge weisen je nach ihrer Herkunft noch stark voneinander abweichenden Kraftverbrauch auf; der beim Elektromobilbetrieb außerordentlich wichtigen Aufgabe, hohe Leistungen bei denkbar geringem Aufwand an Energie zu erreichen, wird noch zu wenig Beachtung geschenkt. Immerhin kann auch der Wattstundenverbrauch pro Wagkm bei einer gegebenen Wagentype als konstanter Faktor gelten, solange die arbeitenden Teile in ordnungsgemäßem Zustand erhalten werden. Es bleibt somit noch übrig, als letzten und wichtigsten Teil die Batterie in Betracht zu ziehen.

Der Edisonakkumulator weist die für Aufrechterhaltung eines gleichbleibenden, störungsfreien Betriebes erforderliche Lebensdauer auf, seine Kapazität läßt bei fortgesetzt voller Ausnutzung innerhalb der ersten 600 Entladungen nur um ca. 15% nach. Erneuerungen und Reparaturen während einer solchen Dienstzeit sind auch bei schwersten Betrieben, bei Fahrzeugen mit Eisenbereifung so selten, daß sie generell außer Ansatz bleiben können.

Die Verhältnisse sind jedoch erheblich andere, wenn die Bleibatterie die Stromlieferung übernehmen soll. Über die bisher mit Bleizellen bei Einbau in Elektromobile erzielten Ergebnisse sind zwar Angaben nur spärlich in die Öffentlichkeit gedrungen, doch bietet schon die Bauart der Bleizelle, ihr durch Konstruktion und System bedingtes Verhalten Anhaltspunkte genug, um die Situation zu klären und einen Vergleich mit der Edisonzelle anzustellen.

In Fig. 59 ist dargestellt, wie stoßweise und unaufhörlich die Belastung einer Batterie bei Elektromobilbetrieb schwankt. Berücksichtigt man nun, daß die Stromstärke die mittlere Linie von 45—50 Amp. selten unterschreitet — die tieferen Stellungen der Kurve werden bedingt fast ausschließlich durch momentanes Unterbrechen der Stromzufuhr, nicht durch sinkenden Energieverbrauch des Fahrzeuges — so erhält man eine Durchschnittsbelastung, die zwischen 45—50 und etwa 100 Amp. liegt, also etwa 72,5 Amp. beträgt. Nach Tabelle XV gibt aber die Bleibatterie, die bei gleichbleibender, also nicht schwankender Entladestromstärke von 37 Amp. eine Kapazität von 185 Amp.-Std. zeigt, nur noch 140 Amp.-Std. her bei Belastung mit 70 Amp. Es wird demnach bei durchschnittlicher Entnahme von 72,5 Amp. mit einer Leistung von etwa 135 Amp.-Std. zu rechnen sein statt mit 185 Amp.-Std. Diese Kapazität läßt nach den Angaben von

Grimm[1]) innerhalb 100 Entladungen bereits so weit nach, daß die positiven Platten unbrauchbar werden. In diesem rapiden Verbrauch der Zelle drückt sich zugleich die Betriebsunsicherheit aus, da naturgemäß die Leistung nicht von der ersten bis zur hundertsten Entladung auf gleicher Höhe bleibt. Auch ist es für die Beurteilung der Verwendbarkeit einer Batterie von nebensächlicher Bedeutung, ob etwa die negativen Platten oder eine gewisse Anzahl davon sich länger verwenden lassen wie die positiven, abgesehen davon, daß auch die negativen Platten in ihrer Leistung nachlassen, die Zellen demnach bei Erneuerung nur der positiven Seite keinesfalls gleich hohe Leistung aufweisen werden wie bei gleichzeitigem Auswechseln beider Plattenarten. Selbst wenn man eine Lebensdauer von 150 Entladungen zugrunde legt, mit der nach Grimm[2]) bei Bleizellen zu rechnen ist, welche etwa 20 Watt-Std. pro 1 kg Gewicht ergeben (nominell) und damit noch um ca. 33 % schwerer sind wie die hier in Betracht gezogene Type, so gestaltet sich der Betrieb wenig vertrauenerweckend. Mindestens einmal wird ein Reinigen der Bleizellen, ein Entfernen der Schlammenge während der Lebensdauer der positiven Platten erfolgen müssen. Ferner verringert sich die Kapazität durch Ausfall von aktiver Masse, durch mehr oder weniger ausgeprägten Kurzschluß zwischen den Platten innerhalb der ohne Erneuerung der letzteren verlaufenden Betriebsperiode stark und soll zunächst zu nur 25 % angenommen werden. Auch sei vorausgesetzt, daß die Zellen nach erfolgter Waschung und Reinigung ihre anfängliche Kapazität wieder erlangen, was in Wirklichkeit nicht zutrifft. Innerhalb 600 Entladungen — der normalen Lebensdauer einer Edisonbatterie bei Elektromobilbetrieb, solange nicht mehr wie ca. 15 % Kapazitätsabfall zugelassen werden — gestaltet sich dann der Betrieb eines Elektromobils mit Bleibatterie oder Edisonbatterie etwa wie in Fig. 71 gekennzeichnet. Von der Bleizelle ist sowohl das Schwanken der nominellen wie der für Elektromobilbetrieb in Betracht kommenden effektiven Kapazität in zwei getrennten Kurven berücksichtigt. Die Fig. 71 läßt den prinzipiellen Unterschied zwischen Edisonzelle und Bleizelle klar zutage treten: Bei der ersteren ein in engen Grenzen verlaufender Kapazitätsabfall, eine nach

[1]) und [2]) Die chemischen Stromquellen der Elektrizität, Grimm, München und Berlin 1908, S. 154.

oben und unten um je ca. $7\frac{1}{2}\%$ während 600 Entladungen schwankende Leistung von im Durchschnitt 90 km Wegstrecke pro Ladung, bei der Bleizelle nach je 75 Entladungen Auswaschen oder Erneuern von Platten, eine in kurzen Zeitintervallen stark abnehmende Leistung, die im Mittel 65 km pro Ladung beträgt und jeweilig auf 56 km sinkt. Mit abnehmender Leistung steigt das mitzuschleppende Gewicht wie auch die in Anspruch genommene Grundfläche und der Raum für die Batterie pro zurückgelegtes Wagkm. Bei Droschken hat sich der Brauch eingebürgert — unter Außerachtlassung jeglicher Rücksicht auf Isolierung der

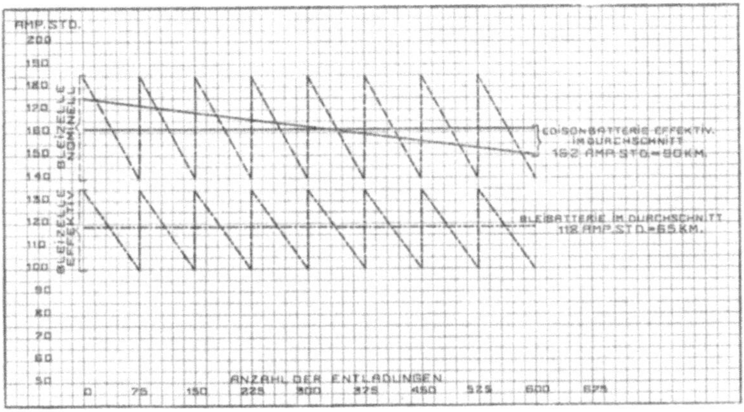

Fig. 71. Leistungskurven von Edisonbatterien und Bleibatterien bei Elektromobilbetrieb.

einzelnen Zellen gegeneinander — die Bleibatterie in einen einzigen oder in höchstens 2 Holzkasten einzuzwängen. Um die bei solchem Verfahren unvermeidlichen Übelstände — Nebenschlüsse und Stromverluste durch austretende Säure, schnelles Zerstören der Holzkästen — zu mildern, werden neuerdings Glasplatten für Abdecken der Innenwände des gemeinsamen Holzkastens benutzt, ohne daß damit ausreichende Gewähr für genügende Isolation geboten würde. Vereinigt man, wie dies bei Privatwagen hin und wieder geschieht, die Bleizellen zu etwa 4—6 in einzelnen Holzkästen, so wird zwar damit eine einwandfreie Montage, die dem soliden Einbau der Edisonzelle nahekäme, auch noch nicht erreicht, doch nähert sich immerhin eine solche Anordnung mehr wie bei Verwendung nur eines einzigen Kastens für 20 und mehr Zellen den Grundsätzen, die bei Aufstellen stationärer Bleibatterien als erste Vorschrift gelten. Eine Elektromobilbatterie, bestehend aus 44 Zellen der von Grimm angeführten Type W extra von nominell 185 Amp.-Std. Kapazität nimmt dann eine Grundfläche von 1,009 qm, einen Raum von 327,93 l in Anspruch. Die zum Vergleich heranzuziehende Edisonbatterie von 70 Zellen Type H 27

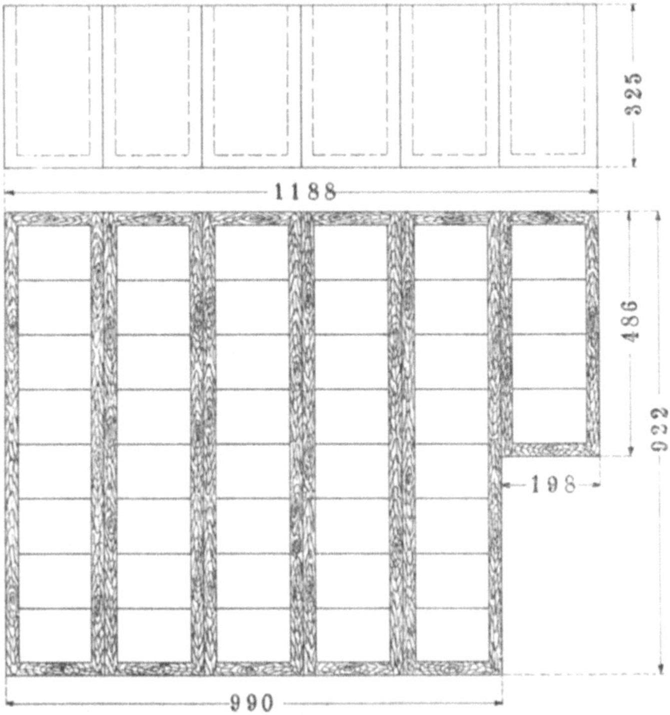

Fig. 72. Abmessungen einer Bleibatterie für Elektromobilbetrieb von 185 Amperestunden Kapazität (nominell), eingebaut in 6 Holzkasten.

verlangt 1,26 qm Grundfläche und 467,17 l an Raum (siehe Fig. 72 und 73). Die Tabelle XIX läßt erkennen, welche Anforderungen an Gewicht, Platz und Raum, bezogen auf das pro Ladung zurückgelegte Kilometer, Edisonzelle und Bleizelle stellen. Im Durchschnitt ist bei der Bleizelle ein Gewicht von 9,2 kg eine Grundfläche von 15 523 qcm, ein Raum von 5,04 l aufzuwenden für jedes Kilometer, bei der Edisonzelle 7 kg, 14 030 qcm,

5,09 l. Die Tabelle XIX enthält neben den bereits erörterten Zahlen noch Angaben über Ladeenergie. Für die bei Elektromobilbetrieb mit Bleibatterien gemachte Erfahrung, daß an Ladeenergie etwa das 2,2—2,3fache und mehr des für ein Fahrzeug bei Meßfahrten auf ebener Strecke festgestellten Energieverbrauches erforderlich ist, wurden bisher Gründe geltend gemacht, die nicht länger aufrecht erhalten werden können: Verbraucht ein Elektromobil auf der Meßstrecke 140 Watt-Std. pro Wagkm, also ebensoviel wie der in Tabelle XVII Pos. 4 genannte Wagen — so wird angenommen, daß der effektive Verbrauch pro

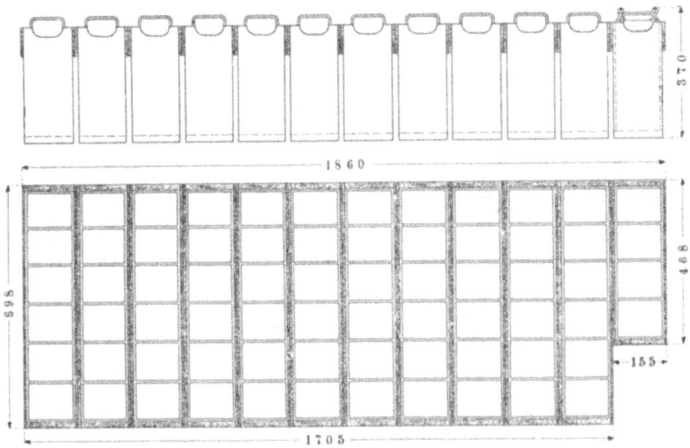

Fig. 73. **Abmessungen einer Edisonbatterie für Elektromobilbetrieb von 175 Amperestunden Kapazität, eingebaut in 12 Holzkasten.**

Wagkm sich um ca. 55% höher, demnach auf 217 Watt-Std. pro Wagkm stellt. Aus dem Vergleich dieser theoretisch ermittelten Zahl von 217 Wattstd. mit dem tatsächlichen Aufwand an Ladeenergie von ca. 310 Watt-Std. wird dann gefolgert, daß die Bleibatterie mit rund 70% Nutzeffekt in Watt-Std. arbeitet. Das ist ein Irrtum, hervorgerufen durch die weit, wenn nicht allgemein verbreitete Annahme, daß die Bleizelle bei Anwendung in der Praxis gleichen oder wenigstens annähernd gleich hohen Nutzeffekt besitzen müsse wie bei im Laboratorium angestellten Versuchen. Die Ergebnisse mit Edisonzellen lehren, daß der effektive Energieverbrauch des Elektromobils nicht um ca. 55%, sondern nur um ca. 10% höher ist, wie der auf der Meßstrecke

Tabelle XIX.

Vergleich von Leistung, Energieverbrauch, Gewicht, Grundfläche, Raum, Lebensdauer zwischen Edisonbatterie und Bleibatterie bei Elektromobilbetrieb.

Pos.	Batterie: System	Batterie: Anzahl der Zellen	Batterie: Kapazität nominell Amp.-Std	Batterie: Kapazität nominell KW.-Std.	Batterie: Kapazität effektiv Amp.-Std.	Batterie: Kapazität effektiv KW.-Std.	Batterie: Ladeenergie KW.-Std.	Elektromobil: Geschwindigkeit per Std. km	Elektromobil: Energieverbrauch effektiv pro Wagkm während der Fahrt W.-Std.	Elektromobil: Energieverbrauch effektiv pro Wagkm bei Ladung W.-Std.	Elektromobil: Mit einer Ladung geleistete Wegstrecke km	Die Batterie weist auf: an Gewicht kg	Die Batterie weist auf: an Grundfläche qm	Die Batterie weist auf: Raum Liter	Für jedes mit einer Ladung geleistete Wagkm: an Gewicht kg	Für jedes mit einer Ladung geleistete Wagkm: an Grundfläche qcm	Für jedes mit einer Ladung geleistete Wagkm: Raum Liter	Lebensdauer der Batterie ausgedrückt in geleisteten Wg.-km	Bemerkungen
1	Bleizelle mit Gitterplatten	44	185	16,28	135	11,62	23,25	27	155	310	75	600	1,009	327,93	8	13453	4,37	—	Leistung einer neuen Batterie
2	„	44	162	14,25	118	10,15	23,25	27	155	357	65	600	1,009	327,93	9,2	15523	5,04	9750	Leistung im Durchschnitt bei 600 Entladungen und dreimaliger Erneuerung der Batterie
3	Edisonzelle Type H 27	70	175	15,12	175	15,12	30,24	27	155	310	97	630	1,262	467,17	6,5	13016	4,81	—	Leistung einer neuen Batterie
4	„	70	162	14,00	162	14,00	30,24	27	155	336	90	630	1,262	467,17	7	14030	5,09	54000	Leistung einer Batterie im Durchschnitt bei 600 Entladungen

konstatierte Kraftaufwand. Da aber die Edisonbatterie bei der in Tabelle XIX angenommenen vollen Ausnutzung mit ca. 50% Energienutzeffekt arbeitet, die Bleibatterie pro zurückgelegtes Wagkm nicht weniger Verbrauch an Ladeenergie zeigt wie erstere, so ist bewiesen, daß die Bleizelle nicht mit 70%, sondern höchstens mit 50% Nutzeffekt ihren Dienst versieht, solange sich die Platten in gutem Zustand befinden, kein Kurzschluß die Leistungsfähigkeit ungünstig beeinflußt und noch weiter herabdrückt.

Zieht man die über Elektromobilbetrieb mit Bleibatterien veröffentlichten Angaben in Betracht, so stellt sich heraus, daß die in der Praxis erzielten Resultate noch erheblich niedriger ausfallen wie vorstehend angenommen. Bei Aufstellung der Kurven nach Fig. 71 war damit gerechnet, daß eine Lebensdauer von 150 Entladungen bei einem Abfall an Kapazität von 25% innerhalb 75 Entladungen erreicht wird. Auch sollte die Gesamtleistung einer Bleibatterie mit Gitterplatten, die ca. 600 kg wiegt und aus 44 Zellen von 185 Amp.-Std. nomineller Kapazität besteht, 9750 Wagkm gleichkommen. Demgegenüber heißt es in einem Aufsatz von J. Löwy[1]), daß in derartigen Bleizellen die positiven Platten schon nach etwa 100 Entladungen 50% ihrer Kapazität verlieren. Nimmt man hiernach die Lebensdauer der positiven Platten zu 100, die der negativen zu 200 Entladungen an und setzt voraus, daß die negativen Gitter von der ersten bis zur letzten Entladung gleichbleibende Leistung aufweisen — eine Voraussetzung, die nicht zutrifft, vielmehr wird der Abfall an Kapazität nach dem Auswechseln nur des positiven Plattensatzes, also von der hundertsten bis zur zweihundertsten Entladung schneller erfolgen — so gestaltet sich der Betrieb etwa wie in Fig. 74 dargestellt. Einer durchschnittlichen Leistung der Bleibatterie von 56 km pro Ladung — nach je 100 Entladungen abfallend bis zu 38 km — steht hier die Durchschnittsleistung der Edisonbatterie mit 90 km gegenüber. Die Gesamtleistung der Bleizellen würde hierbei auf 8400 Wagkm herabgehen. Doch auch diese Zahl erscheint noch weitaus zu günstig, wenn man die von Bein[2]) gemachten Beobachtungen in Rücksicht zieht. Letzterer sagt, daß eine Bleibatterie von 650 kg Gewicht, bestehend aus 44 Zellen, 100 Entladungen aushält und bei einer Stunden-

[1]) Jahrbuch der Automobil- und Motorboot-Industrie 1907, S. 77, 78.

[2]) Elemente und Akkumulatoren, Bein, Leipzig 1908, S. 205.

geschwindigkeit von 26—27 km insgesamt 4000 Wagkm leistet. Damit wäre dann bei einer durchschnittlichen Wegstrecke pro Ladung von 40 km bei der Bleibatterie für jedes Wagkm ein Gewicht von ca. 16 kg mitzuschleppen gegenüber 7 kg bei der Edisonbatterie; an Energie wird eine effektive Ausbeute erzielt von 6,2 KWStd. = 40 km à 155 Watt-Std., entsprechend etwa 10 Watt-Std. pro 1 kg Totalgewicht. Der Nutzeffekt in Watt-Std. würde gleichzeitig sinken bis unter 30 %. Dieser enorme Abfall des Bleiakkumulators gegenüber den listenmäßigen Leistungen und im Laboratorium festgestellten Nutzeffekten ist offenbar

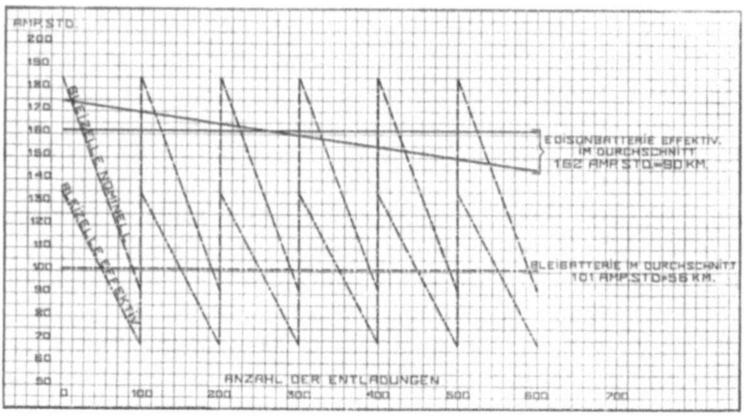

Fig. 74. Leistungskurven von Edisonbatterien und Bleibatterien bei Elektromobilbetrieb.

zum großen Teil zurückzuführen auf die viel zu weit getriebene Schwächung der Platten, auf die Verminderung des Elektrolyten und den allzu beschränkten Raum zwischen Unterkante Platten und Gefäßboden. Ist doch nach den Erläuterungen von Bein[1]) der Verfall der Gitterplatten im normalen Betrieb so stark, daß für je 1 Amp.-Std. mit einem Verlust von 0,09 g Masse zu rechnen ist gegenüber 0,02 g bei Großoberflächenplatten. Die vorerwähnte Zelle von 185 Amp.-Std. wird demnach pro Entladung 185 · 0,09 = 16,65 g, in 100 Entladungen schon 1,665 kg verlieren, die sich in Form von Schlamm auf dem Boden des Zellengefäßes ablagern. Wird dieser der Bleizelle eigentümliche Vorgang noch durch

[1]) Elemente und Akkumulatoren, Bein, Leipzig 1908, S. 186.

heftige Erschütterungen, wie sie beim Elektromobilbetrieb unaufhörlich auftreten, gefördert, so findet die schnelle Zerstörung der Zelle ihre natürliche Erklärung. Berücksichtigt man, mit welcher Betriebsunsicherheit, wiederholter Reparatur, Reinigung und Erneuerung von Platten die Möglichkeit erkauft ist, das Elektromobil überhaupt mit Bleiakkumulatoren zu betreiben, so wird es verständlich, warum ein so weitgehendes Mißtrauen gegen den mit Akkumulatoren ausgerüsteten Wagen Platz greifen konnte.

Die bei sorgfältiger Behandlung mehr betriebssichere Bleizelle mit Großoberflächenplatten ist ihrer Schwere und ihres Volumens wegen für Elektromobile unverwendbar, solange eine nennenswerte Strecke pro Ladung zurückgelegt werden soll. Es wird daher immer wieder auf die Bleizelle mit Gitterplatten zurückgegriffen und versucht, den Betrieb aufrecht zu erhalten, soweit der jeweilige Zustand der Batterie das zuläßt.

Die Kosten für Erneuerung der Bleibatterie wachsen trotz relativ niedriger Zellenpreise ins Ungemessene bei der geschilderten rapiden Abnutzung, wenn nicht durch besondere Unterhaltungsverträge eine einigermaßen sichere Basis für die Ausgaben geschaffen wird. Rechnet man beispielsweise den Anschaffungspreis einer Elektromobilbatterie, bestehend aus 44 Bleizellen von 185 Amp.-Std. Kapazität, zu M. 1650,—, so würden bei einer Gesamtleistung von 9750 Wagkm ca. 17 Pf., bei nur 4000 Wagkm gar ca. 40 Pf. pro km abzuschreiben sein. Da jedoch andererseits das Altmaterial bei Bleizellen zum nicht geringen Teil verwertbar ist, so wird die ständige Unterhaltung vielfach gegen Zahlung einer äußerst geringen Entschädigung pro gefahrenen Wagkm, zu 5 Pf. und weniger übernommen. Es gilt dies namentlich für größere Droschken-Unternehmungen, bei denen die Möglichkeit einer ständigen Überwachung der Batterien seitens des Lieferanten Bedingung ist für den Abschluß eines Unterhaltungsvertrages.

Trotz alledem ist von einer lebhaften Entwicklung des Elektromobilbetriebes wenig zu spüren, weil eben die Preisfrage nicht allein ausschlaggebend ist und auch nie sein kann. Erst wenn außer befriedigender Lösung der Kostenfrage auch die Aufrechterhaltung eines gleichbleibenden, sicheren Betriebes gewährleistet ist, kann das Elektromobil zur Geltung kommen und den ihm zweifellos gebührenden Platz behaupten.

Dem Benzin-Auto gegenüber bietet das mit Edisonbatterie versehene und damit absolut betriebssichere Elektromobil eine Reihe von Vorteilen in allen Fällen, in denen der Betrieb nicht verlangt, daß pro Ladung eine Wegstrecke zurückgelegt werden muß, die von der Batterie nicht geleistet werden kann. Nicht nur in industriellen Betrieben, sondern auch im Anschluß an Zentralstationen steht Ladeenergie vielfach so billig zur Verfügung, daß die Kosten der Aufladung sich erheblich niedriger stellen für die gleiche Wegleistung wie der Brennstoffverbrauch bei einem Benzinwagen. Hinsichtlich einfacher Bedienung, seltenem Vorkommen von Reparaturen, sofortiger Betriebsbereitschaft ist das Elektromobil dem Benzinfahrzeug überlegen. Innerhalb der Stadtgebiete bedeutet die Einführung des Elektromobils in größerer Anzahl noch insofern einen nicht zu unterschätzenden Vorteil, als die mit zunehmender Verbreitung des Benzin-Auto stärker auftretende Rauch- und Geruchsplage sich zu einer öffentlichen Kalamität auswächst, die dringend Abhilfe erheischt.

Der elektrisch betriebene Wagen ist unstreitig berufen und — bei genügender Betriebssicherheit — auch befähigt, hier gründlich Wandel zu schaffen.

Edisonakkumulatoren für Lokomotiven, Kräne, Straßenbahnen, Eisenbahntriebwagen usw.

Die trotz aller Fehlschläge beharrlich fortgesetzten Versuche, das auf Schienen laufende Fahrzeug mit eigener Stromquelle, mit Akkumulatoren zu betreiben, lassen erkennen, welch' hohe Bedeutung der zufriedenstellenden Lösung dieses Problems zukommt. Ein ausgedehntes Anwendungsgebiet schien sich dem Bleiakkumulator zu eröffnen, als die Stadtverwaltungen dazu übergingen, Straßenbahnen in größerem Maßstabe einzuführen. Alle in dieser Beziehung gemachten Anstrengungen scheiterten jedoch an zwei Übelständen der Bleizelle, an zu hohem Gewicht und Entwicklung lästiger Säuregerüche. Die Bleizelle mit leichten Gitterplatten mußte ausscheiden, nachdem sich herausstellte, daß Lebensdauer und Betriebssicherheit nicht genügten, um einen ungestörten Betrieb aufrecht zu erhalten. Bei Einbau von schweren Zellen mit Großoberflächenplatten kam man zu abnorm hohen Totalgewichten der Fahrzeuge, ohne ausreichende Wegstrecken mit einer Ladung zurücklegen zu können. Dabei war es nicht möglich, die Belästigung der Passagiere durch Säuredünste ganz zu vermeiden.

Die steten Mißerfolge führten schließlich dazu, den mit Akkumulatoren ausgerüsteten Straßenbahnwagen ganz fallen zu lassen und Oberleitung oder unterirdische Stromzufuhr zu wählen.

Das geringe Gewicht der Edisonzelle — ein Drittel bis ein Viertel der Bleizelle mit Großoberflächenplatten — läßt es angezeigt und ratsam erscheinen, den Akkumulatorenbetrieb für Straßenbahnwagen erneut ins Auge zu fassen.

Die seit den ersten Monaten dieses Jahres — 1910 — in New-Jersey und New-York auf Straßenbahnen angestellten Probefahrten lassen erkennen, daß ein regelrechter und durchaus sicherer Betrieb sich mit Edisonakkumulatoren anstandslos durchführen läßt. Nach den aus Amerika bis jetzt vorliegenden Berichten werden von den dort mit Edisonbatterien ausgerüsteten Straßenbahnfahrzeugen ca. 105 km pro Tag ohne Nachladung zurückgelegt. Die Wagen sind für 26 Sitzplätze gebaut, entwickeln eine Geschwindigkeit von ca. 24 km pro Stunde auf steigungsloser Strecke und wiegen — vollbesetzt — ca. 6300 kg. Von diesem Gewicht entfallen ca. 1360 kg auf die Batterie, die aus 200 Zellen mit einer Kapazität von rund 36 KWStd. besteht. Die Batterie ist unter den Sitzbänken untergebracht, eine Maßnahme, die bei der gänzlichen Geruchlosigkeit der Edisonzellen ohne weiteres möglich ist.

Der günstige Verlauf der erwähnten Fahrten in New-Jersey und New-York dürfte bald zur Einstellung weiterer Akkumulatorenwagen führen, zumal hierfür nicht nur die hohen Anlage- und Betriebskosten der unterirdischen Zuleitung sprechen, sondern auch die Oberleitung an vielen Orten eine wenig beliebte Zugabe des Straßenbahnbetriebes darstellt.

Etwas günstiger gestaltete sich für den Bleiakkumulator die Frage der Ausrüstung von Rangier- und Grubenlokomotiven. Da bei diesen der Säuregeruch eine ausschlaggebende Rolle nicht spielt, so ist die Benutzung von Bleibatterien möglich, solange in verhältnismäßig kurzen Zwischenräumen ein Aufladen oder ein Auswechseln der Zellen stattfinden kann. Um das Batteriegewicht in erträglichen Grenzen zu halten, werden die Bleizellen meistens mit Stromstärken für kurze Entladedauer — auf 1 bis

2 Stunden — beansprucht. Das nach kurzer Betriebszeit erforderliche Aufladen entzieht entweder die Batterie allein oder — wo ein Auswechseln der Zellen ausgeschlossen — das Fahrzeug mitsamt der Batterie dem Dienst mehr wie erwünscht. In jedem Fall bedeutet die Aufladung eines Akkumulators eine erzwungene Betriebspause, die um so weniger störend empfunden wird, je seltener sie eintritt und je weniger Zeit sie im Verhältnis zur Leistung der Batterie beansprucht.

Fig. 75. Mit Edisonakkumulatoren betriebene Lokomotive, gebaut von den Schichauwerken, Elbing.

In Fig. 75 ist eine mit Edisonakkumulatoren betriebene Lokomotive[1]) dargestellt, die bei einem Totalgewicht von 19,5 t ein Batteriegewicht von 5,9 t mit sich führt. Die Lokomotive dient zur Beförderung von Personenwagen sowie zu Rangierzwecken. Die Batterie hat eine Kapazität bei normaler Aufladung von 140 KW-Std., leistet also ca. 24 Watt-Std. für jedes Kilogramm Totalgewicht. Die mit einer Ladung zurückzulegende

---

[1]) Nähere Angaben sind enthalten in dem Aufsatz von Dreyer, Elektrotechnische Zeitschrift 1909, Heft 42.

Wegstrecke beträgt reichlich 200 km. Wird die Lokomotive bei gleichem Totalgewicht mit Bleiakkumulatoren versehen, so sinkt die Wegstrecke, die mit einer Ladung zurückgelegt werden kann, von 200 auf 60 km, da eine Bleibatterie mit Großoberflächenplatten nur ca. 7 Watt-Std. pro Kilogramm Totalgewicht leistet. Die Lokomotive unter Erhöhung des Gewichtes und Vergrößerung der zur Unterbringung der Zellen nötigen Grundfläche bei Verwendung von Bleizellen für gleiche Leistung zu bauen wie sie mit

Fig. 76. Auf dem Metallwerk der Bergmann-Elektrizitätswerke A.-G. Berlin in Betrieb befindlicher Drehkran, ausgerüstet mit einer Edisonbatterie von 150 Zellen Type H 45.

dem Edisonakkumulator erreicht wird, ist an und für sich unmöglich; schon das Gewicht der Bleibatterie allein würde sich auf 20 t stellen, also das jetzige Totalgewicht der Lokomotive von 19,5 t überschreiten.

Der in Fig. 76 abgebildete Drehkran dient zum Heben und Transport von Lasten sowie zum Rangieren von Eisenbahnwagen. Der Kran ist ausgerüstet mit einer Edisonbatterie, bestehend aus 150 Zellen Type H 45 mit einer Leistung von 51,6 KWStd. bei einem Gewicht von 2175 kg.

Die Tragfähigkeit des Drehkranes beträgt 7000 kg bei 5 m Ausladung und 6 m Hub. Die Spurweite ist auf 1,45 m, die Rollenhöhe auf 4,7 m bemessen. Für die verschiedenen Bewegungen wurden 3 Hauptstrommotoren vorgesehen mit einer Leistung von 10,5 PS für Heben, von 25 PS für Kranfahren, von 3 PS für Drehen. Der Akkumulatorenbetrieb bietet in diesem Falle den Vorteil der wesentlich einfacheren Anlage gegenüber der Stromzuführung durch Oberleitung, da bei letzterer eine sehr komplizierte Weichenführung unvermeidlich wäre.

Gelegentlich der seit langen Jahren geplanten Elektrisierung der Vollbahnen, die auf einigen kürzeren Strecken bereits durchgeführt wurde, beginnen neuerdings die Bahnverwaltungen sich für Beschaffung von Triebwagen zu interessieren. Der Initiative der Preußischen Staatsbahnverwaltung ist es zu verdanken, wenn zurzeit bereits eine größere Anzahl von Akkumulatorentriebwagen auf deutschen Eisenbahnen verkehrt.

Die mit Bleibatterien versehenen Wagen führten die Zellen anfangs unter die einzelnen Sitzbänke eingebaut mit sich. Da sich hierbei der Nachteil der Bleibatterie, Schwefelsäuredämpfe zu entwickeln, unangenehm bemerkbar machte, die Wageneinrichtungen schädigte und die Passagiere belästigte, so wurde eine neue Wagentype konstruiert, bei der die Akkumulatoren in besonderen Batterieräumen an der Stirnseite der Fahrzeuge untergebracht sind. Der hierdurch notwendig gewordenen Verlängerung der Wagen steht auf der anderen Seite der unleugbare Vorteil der besseren Übersichtlichkeit und Zugänglichkeit der Akkumulatoren gegenüber.

Die neuen Doppelwagen der Preußischen Staatsbahn führen Bleibatterien mit Großoberflächenplatten mit sich, deren Gewicht rund 17 t beträgt. Die Leistung der Batterie wird als groß genug angegeben, um mit einer Ladung bei ca. 50 km Stundengeschwindigkeit 100 km zurückzulegen. Der Energieverbrauch beträgt 1 KWStd. pro Wagkm. Die Ausbeute an Entladeenergie stellt sich also auf ca. 6 Watt-Std. pro 1 kg Gewicht der Bleizelle. Auch hier zeigt es sich, daß der schwache Bleiakkumulator mit Gitterplatten der mangelnden Betriebssicherheit wegen für schweren Kraftbetrieb unverwendbar ist, weshalb als einziger Ausweg bisher übrig blieb, die Energie in Form der schweren, voluminösen Bleizelle mit Großoberflächenplatten mitzuschleppen und sich auf die damit erreichbaren Wegleistungen zu beschränken.

Die Verwendung des Edisonakkumulators — Zellen von entsprechenden Abmessungen befinden sich im Bau — für Eisenbahntriebwagen eröffnet die Möglichkeit, Strecken von doppelter und dreifacher Ausdehnung zu befahren, 200 und 300 km ohne Nachladung zurückzulegen bei merklich verringertem Batteriegewicht.

Baut man in einen Doppelwagen, wie solche auf der Preußischen Staatsbahn verkehren, eine Edisonbatterie ein von ca. 12 t Gewicht, so kann der Wagen bei normaler Ausnutzung der Zellen ca. 250 km mit einer Ladung zurücklegen, den Energieverbrauch pro Wagkm zu einer KWStd. angenommen. Die Bleibatterie ist demnach um ca. 40% schwerer wie die Edisonbatterie, trotzdem leistet letztere das $2^1/_2$fache des Säureakkumulators. In Betracht zu ziehen ist ferner, daß bei Bleibatterien die Triebwagen durch die Aufladung dem Fahrdienst erheblich längere Zeit entzogen werden wie bei Edisonbatterien. Entspricht die Leistung der Bleibatterie bei einer Geschwindigkeit des Wagens von 50 km pro Stunde einer Wegstrecke pro Ladung von 100 km, so steht einer solchen ca. 2stündigen Entladedauer eine Ladezeit von 3 Std. gegenüber; für eine Wegstrecke von 250 km sind also $7^1/_2$ Std. für Aufladung der Bleizelle aufzuwenden. Die gleiche Wegstrecke von 250 km erfordert bei der Edisonbatterie eine Ladezeit von $3^3/_4$ Std. Letztere bietet somit die Möglichkeit einer weit rationelleren Ausnutzung des Triebwagens. Noch schärfer treten die Unterschiede in der Ladezeit hervor, wenn es gilt, die mit Edisonzellen versehenen Fahrzeuge zeitweise oder dauernd auf kürzeren Strecken in Dienst zu halten. Soll die vorerwähnte Edisonbatterie von 250 km normaler Wegleistung den Wagen nur 100 km mit einer Ladung treiben, so kann letztere in $1^1/_4$ Std. durchgeführt werden, wobei der Energienutzeffekt auf ca. 65% steigt. Genaue Angaben bezüglich des Verbrauches an Ladeenergie pro Wagkm lassen sich erst auf Grund von in praktischem Betriebe gesammelten Erfahrungen machen. Die in dieser Beziehung mit Elektromobilen erzielten Resultate lassen darauf schließen, daß auch bei Eisenbahntriebwagen der Energieaufwand bei Einbau von Edisonzellen mindestens nicht höher sein wird wie bei Bleizellen.

Edisonakkumulatoren für Antrieb von Kleinmotoren, für Zündvorrichtungen, transportable Beleuchtungsanlagen, Sicherheitslampen, medizinische Zwecke usw.

Je kleiner die in der Praxis für die verschiedenartigsten Zwecke gebrauchten Sekundärbatterien sind, desto mehr schwindet die Möglichkeit, ihnen in jedem Einzelfall eine sorgfältige Behandlung zu sichern. Weder ist daran zu denken, Akkumulatoren von relativ geringem Anschaffungswert ständig durch in den Stromkreis geschaltete Meßinstrumente zu beobachten, noch kann dem Laien zugemutet werden, eine größere Reihe von Betriebs-

Fig. 77. Zündbatterie für 4 Volt. Je 3 Edisonzellen, eingebaut in eiserne Transportkasten.

vorschriften diffiziler Natur zu beachten und einzuhalten, die besondere Fachkenntnisse voraussetzen und — ohne die erforderlichen Hilfsmittel — selbst von Fachleuten schwer zu erfüllen sind. Bedingung für die Erhaltung der Bleizelle ist neben Befolgung einer Reihe anderer Regeln, daß die Entladung nicht bis unterhalb der normalen Grenze fortgesetzt wird, ferner daß Aufladung möglichst im unmittelbaren Anschluß an tiefe Entladungen erfolgt. Zahllose Bleibatterien kleinen und kleinsten Umfanges gehen vorzeitig zugrunde, weil diese Vorschriften nicht beachtet werden oder nicht beachtet werden können. Ist die durch schwachen Plattenbau bedingte kurze Lebensdauer der mit Gitter- oder gar mit Masseplatten versehenen Bleizellen an und für sich ein unvermeidlicher Übelstand, so wird die beschränkte

Zeit, während der sie bei sorgfältiger Behandlung benutzbar sind, bei Außerachtlassen der umständlichen Bedienungsregeln noch stark gekürzt.

Für alle derartigen Fälle macht sich die Eigenschaft der Edisonzelle, durch abnormal tiefe Entladungen, monate- und jahrelanges Stehen selbst im ungeladenen Zustande nicht geschädigt zu werden, in wirksamster Weise geltend. Es ist dies auch der Grund, weshalb die Edisonbatterie trotz etwas höherer An-

Fig. 78. Zündbatterie für 4 Volt. 3 Edisonzellen Type Kf 12/5, Kapazität 16 Amp.-Std., eingebaut in Holzkasten.

Fig. 79. Sicherheitslampe Type A.

schaffungskosten sich durchweg im laufenden Betriebe ganz wesentlich billiger stellt wie die Bleizelle. Die Konstruktion der Edisonzelle wird stets in gleicher Weise durchgeführt, einerlei ob es sich handelt um Zellen für 1000 oder für 10 Amp.-Std. Kapazität, ob bestimmt für schwersten Kraftbetrieb in Elektromobilen und Triebwagen oder für Zündbatterien, Handlampen usw.

Reges Interesse wird von Seiten der Eisenbahnverwaltungen seit langen Jahren der elektrischen Beleuchtung der Bahnwagen entgegengebracht. Die glänzende Entwicklung der Gasbeleuchtung bedeutet zwar für die Einführung des elektrischen Lichtes eine starke Konkurrenz, wird aber auf die Dauer nicht verhindern können, daß der elektrischen Glühlampe der Vorzug gegeben wird, nachdem Betriebssicherheit und Kostenfrage auch für Beleuchtung von Bahnwagen befriedigend gelöst sind.

Um Gewicht und Preis der für Beleuchtung der Eisenbahnwagen benutzten Bleizellen niedrig zu gestalten, wurden früher, werden zum Teil auch heute noch solche mit Gitter- oder selbst Masseplatten verwendet. Die dabei aufgetretenen Mängel sind so erheblich, daß man beginnt, die schweren Bleizellen mit Großoberflächenplatten für diesen Zweck, bei dem nur niedrige Entladestromstärken und geringe Belastungsschwankungen auftreten, der leichteren Zelle mit Gitterplatten vorzuziehen[1]. Einer Ausbeute von ca. 8 Watt-Std. pro Kilogramm bei der Bleizelle steht die Leistung von ca. 24 Watt-Std. bei der Edisonzelle gegenüber, so daß bei letzterer ganz wesentlich an mitzuschleppendem Gewicht gespart wird.

Fig. 80. Handlampe Type D.

Vermöge ihrer geringen Selbstentladung und Unempfindlichkeit gegen auf Monate ausgedehnte Entladungen eignet sich die Edisonzelle besonders gut auch für Schwachstromanlagen. Sie wird ferner mit Vorteil und Erfolg angewendet für bestimmte Zwecke in der Telephonie und Telegraphie, bei denen eine ständige Aufladung mit schwachem Strom stattfindet. Derartige ununterbrochene Aufladungen greifen die Edisonzelle in keiner Weise an; ebensowenig schädigt sie ihrerseits Telephon- und Telegraphen-

[1]) Elektrische Beleuchtung von Personenwagen, Dick, Elektrotechnische Zeitschrift 1909, Heft 3.

apparate, wenn in deren nächster Nähe aufgestellt, da sie zersetzende Gase nicht entwickelt.

Fig. 81. Edisonbatterie für Beleuchtung von Bahnpostwagen, bestehend aus 26 Zellen Type O 18, Gewicht 120 kg, Kapazität 76 Amp.-Std. bei 32 Volt mittlerer Entladespannung.

Edisonzellen Type Kf 3 und Kf 6.

Die von Edison gewählte Form der Taschen, welche das aktive Material aufnehmen, gestattet es, Zellen kleinster Abmessungen und Leistung zu bauen, ohne von dem beim mecha-

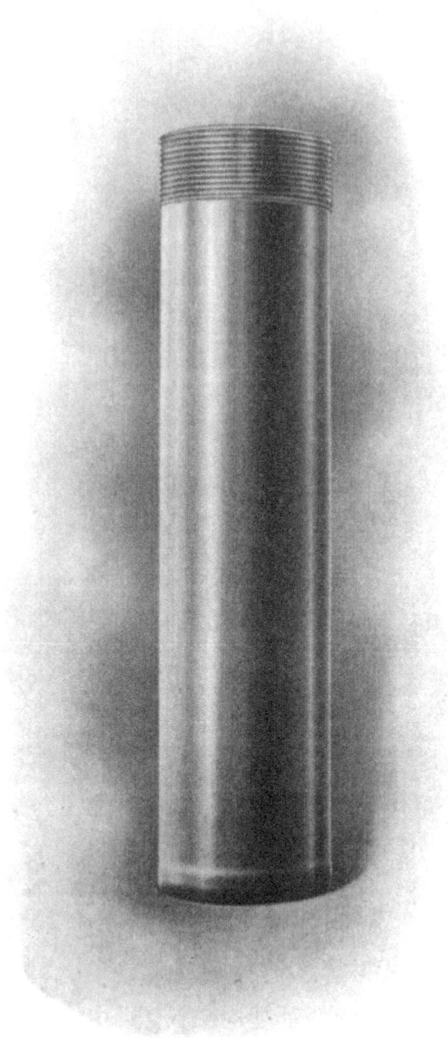

Fig. 82. Maßstab 1 : 1.
Edisonzelle Kf 3, äußere Kanne.

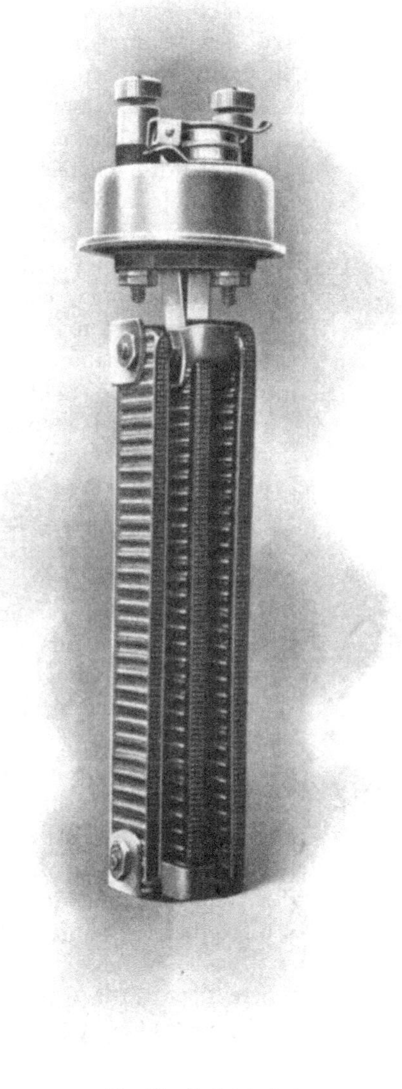

Fig. 83. Maßstab 1 : 1.
Edisonzelle Kf 3, Deckel mit Plattensatz.

nischen Aufbau der Normalzellen verfolgten Prinzip wesentlich abzuweichen. Fig. 84 zeigt in halber natürlicher Größe eine neuerdings konstruierte Zelle Kf 3, deren Kapazität 0,8 Amp.-Std. beträgt bei 0,2 Amp. normaler Entladestromstärke. In ihrer äußeren Erscheinung unterscheidet sich die Type Kf 3 von den bisher genannten größeren Zellen dadurch, daß an Stelle der rechteckigen Kanne eine solche runder Form gewählt wurde (Fig. 82). Der Deckel wird mittels Gewinde auf die Kanne aufgeschraubt, der innere Plattensatz (Fig. 83) besteht aus einer negativen und zwei positiven Taschen, die an Haltern aus vernickeltem Eisenblech befestigt und durch Hartgummi voneinander isoliert sind. Der Deckel trägt die beiden Polbolzen sowie eine Füllöffnung mit aufklappbarem Verschluß. Die Zellen werden zu 2—10 Stück in einem Holzträger vereinigt (Fig. 85) und sind gegen deren Boden durch einen Porzellanknopf isoliert (Fig. 86). Jede Zelle wird durch einen über den Deckel geschobenen eisernen Halter, durch den zwei von Hartgummibuchsen umgebene Holzschrauben hindurchführen, in ihrer Lage gesichert. Die Verbindung von Zelle zu Zelle wird durch einen vernickelten Eisenblechstreifen hergestellt. Zu hundert und mehr in einem Tragkasten vereinigt, dienen die kleinen Zellen Type Kf 3 für Meßzwecke, zum Antrieb kleiner Motoren usw. Das Gewicht der Type Kf 3 beträgt einschließlich Kalilauge und Holzträger ca. 150 g.

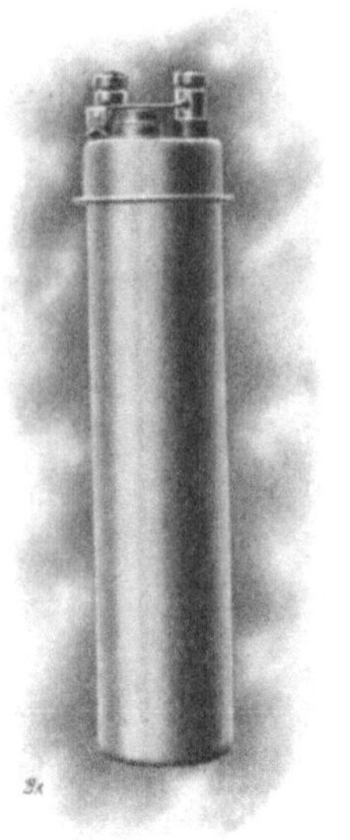

Fig. 84. Maßstab 1 : 2. Edisonzelle Type Kf 3; äußere Ansicht.

Eine zweite, etwas größere Type Kf 6 (Fig. 87 und 88) leistet 1,6 Amp.-Std. bei 0,4 Amp. normaler Entladestromstärke und einem Gewicht von ca. 200 g.

Fig 85. Maßstab 1:1,7. 3 Edisonzellen Type Kf 3, eingebaut in Holzträger.

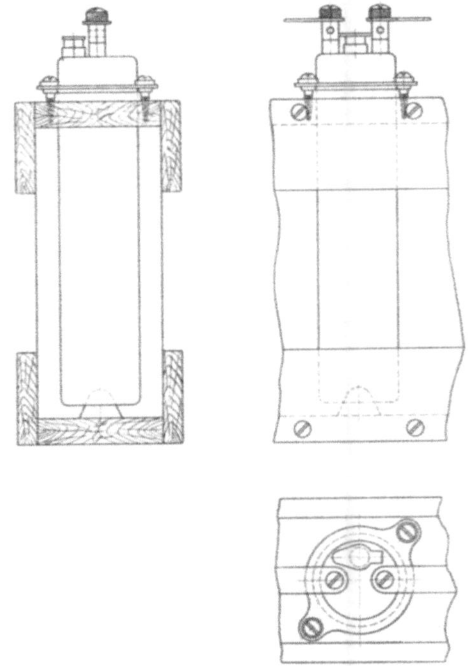

Fig. 86. Maßstab 1:2. Querschnitt durch eine in Holzträger eingebaute Edisonzelle Type Kf 3.

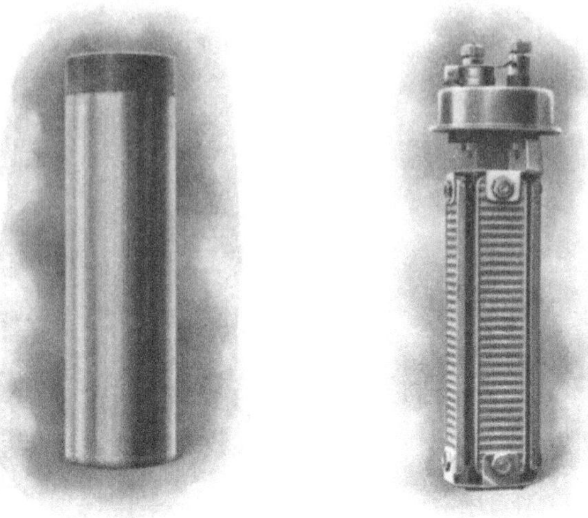

Fig. 87 Maßstab 1 : 2. Edisonzelle Type Kf 6; links äußere Kanne rechts Deckel mit Plattensatz.

Fig. 88. Maßstab 1 : 4. 10 Edisonzellen Type Kf 6, eingebaut in Holzträger.

Edisonakkumulatoren für stationäre Betriebe.

Zu der Kategorie der Anlagen, in denen die zähe Lebensdauer und einfache Handhabung der Edisonzelle aufs beste zur Geltung kommen, gehören auch die stationären Betriebe kleineren und mittleren Umfanges. Für diese ist es schon der hohen Kosten wegen oft schwer zu ermöglichen, geschulte Wärter zu beschaffen, die für einwandsfreie Durchführung der bei Bleiakkumulatoren vorgeschriebenen Behandlung sorgen. Kleinste Einzelanlagen für Beleuchtung von Villen müssen meistens im Nebenamt von Leuten bedient werden, die schwierigen Betriebsvorschriften wenig Interesse entgegenbringen oder deren Zeit anderweitig zu stark in Anspruch genommen ist, als daß sie in der Lage wären, die Vorgänge bei Ladung und Entladung der Batterie fortlaufend aufmerksam zu verfolgen.

Fig. 89. Edisonbatterie, bestehend aus 96 Zellen Type H 18 von 115 Amp.-Std. Kapazität, montiert für stationäre Verwendung auf Holzgestell.

Werden außerdem die Nebenkosten berücksichtigt, die bei Bleizellen durch höhere Ausgaben an Fracht, Montage, Zellenleitungen und durch größeren Platzbedarf entstehen, so werden in vielen Fällen die gesamten Anschaffungskosten für eine Edisonbatterie kaum höher, sondern niedriger ausfallen, wie bei Beschaffung von Bleizellen.

Fig. 89 zeigt die Aufstellung der Edisonzelle bei stationärer

Verwendung. Die Batterie ist zusammengesetzt aus 96 Zellen Type H 18 mit 115 Amp.-Std. Kapazität bei 118 Volt mittlerer Entladespannung und bestimmt für eine mit 110 Volt betriebene Anlage. Das Holzgestell nimmt eine Grundfläche von 710 mm bei 1220 mm oder 0,8682 qm ein. Die Höhe vom Fußboden bis Oberkante Polbolzen der oberen Zellenreihe beträgt 1450 mm. Ist im Maschinenraum genügend Platz vorhanden, so erübrigt sich Inanspruchnahme eines besonderen, abgeschlossenen Batterieraumes, da die entwickelten Gase — Wasserstoff und Sauerstoff — Maschinenteile, Instrumente usw. nicht angreifen.

Eine Berechnung der beiderseitigen Kosten läßt unter Berücksichtigung der jeweilig vorliegenden Verhältnisse in jedem Einzelfall erkennen, ob bei stationären Anlagen die Aufstellung einer Edisonbatterie oder einer Bleibatterie vorteilhafter ist.

Edisonakkumulatoren für Bootsbetriebe.

Der mit Bleibatterie ausgerüstete Straßenbahnwagen scheiterte daran, daß die Bleizelle zu hohes Gewicht aufweist und Schwefelsäuredünste entwickelt; der Eisenbahntriebwagen kann auf relativ kurzen Strecken mit Bleizellen nur betrieben werden, wenn letztere in dicht schließenden, außerhalb der Wagen und Passagierräume befindlichen Vorbauten untergebracht sind; an Bord von Schiffen muß bei Einbau von Bleizellen wohl oder übel der Säuredunst ertragen werden. Seine unangenehmen Folgen: Angreifen des Schiffskörpers, Belästigung der Passagiere, lassen sich durch Auskleiden, Lüften und Ventilation der Batterieräume einschränken, aber nicht beseitigen. Wie bei Eisenbahntriebwagen und Lokomotiven ist man, soll die Wegleistung einigermaßen konstant bleiben, gezwungen, auch für Boote auf die leicht gebaute Bleizelle mit Gitterplatten des rapiden Verschleißes wegen zu verzichten, die schwere Zelle mit Großoberflächenplatten einzubauen und sich mit dem dabei erzielten Aktionsradius zu begnügen. Infolgedessen unterblieb bisher der Bau elektrisch betriebener Boote vielfach auch dort, wo diesen prinzipiell gegenüber dem mit Benzinmotor ausgerüsteten Boot gern der Vorzug gegeben würde.

Das in Fig. 90 gezeigte Boot verkehrt auf dem Königssee in Bayern. Die eingebaute Edisonbatterie besteht aus 80 Zellen Type H 45 mit einer Kapazität von 280 Amp.-Std. bei 98 Volt mittlerer Entladespannung. Der Stromverbrauch beträgt bei 11,2 km pro Stunde ca. 40 Amp., die mit einer Ladung zurückzulegende Wegstrecke ca. 78 km. Wird die Geschwindigkeit auf 12,4 km gesteigert, so ist mit einer Entladestromstärke von ca. 50 Amp. zu rechnen und sinkt die Wegstrecke pro Ladung auf ca. 70 km. Die Edisonbatterie wiegt ca. 1100 kg.

Benutzt man in diesem Fall eine Bleibatterie mit Großoberflächenplatten von gleichem Gewicht, so wird bei 12,4 km pro Stunde die Wegstrecke auf ca. 24 km reduziert. Soll mit einer solchen Batterie annähernd die gleiche Wegstrecke wie mit

Fig. 90. Motorboot, betrieben mit Edisonbatterie von 80 Zellen Type H 45.

dem Edisonakkumulator bewältigt werden, so gestalten sich die Betriebsverhältnisse, wenn der durch Mehrbelastung bei der schwereren Bleibatterie verursachte größere Kraftbedarf unberücksichtigt bleibt, etwa wie in Fig. 91 und Tabelle XX dargestellt. Die Edisonbatterie wiegt mit allem Zubehör ca. 1100 kg, die Bleibatterie ca. 2500 kg Wird mit einer Geschwindigkeit von 9,6 km pro Stunde gefahren, so ist die mit einer Ladung zu bewältigende Wegstrecke in beiden Fällen die gleiche. Je mehr jedoch die Schnelligkeit, damit auch Kraftbedarf und Entladestromstärke der Batterie anwachsen, desto stärker tritt der Unterschied in der Leistung der beiden Sekundärzellen hervor. Bei der Geschwindigkeit von 14 km pro Stunde, entsprechend einem Stromverbrauch von 90 Amp. wird mit der Bleizelle eine Wegstrecke von nur noch 28 km erreicht, während die Edisonzelle reichlich 50% mehr leistet und das Boot 43 km weit treibt. Das

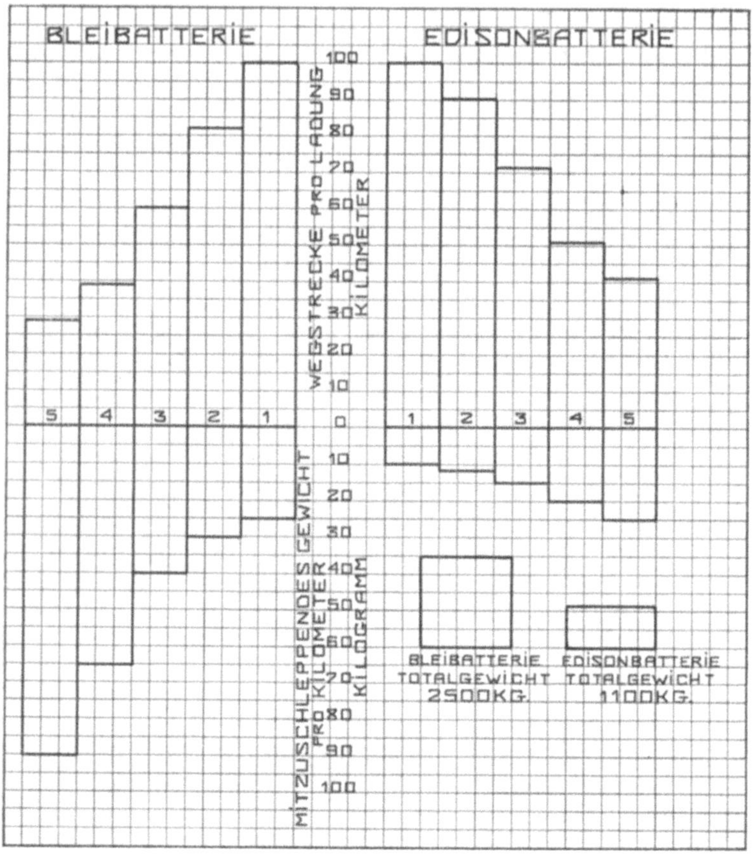

Fig. 91. Leistung und Gewicht von Edisonzellen und Bleizellen unter wechselnder Belastung bei Betrieb von Motorbooten.

pro Kilometer Wegstrecke mitzuschleppende Gewicht schwankt bei der Edisonbatterie zwischen 11 und 25 kg, bei der Bleibatterie aber zwischen 25 und 89 kg.

Ist es schon bei Booten normaler Bauart von hohem Wert, einen geruchlosen Akkumulator von hoher Leistungsfähigkeit bei

Tabelle XX.

Vergleich zwischen der Leistung einer Edisonbatterie und einer Bleibatterie bei Bootsbetrieb.

Pos.	Geschwindigkeit per Stunde	Stromverbrauch	Kapazität der		Wegstrecke pro Ladung bei		Mitzuschleppendes Gewicht pro 1 km Wegstrecke bei	
			Bleibatterie	Edisonbatterie	Bleibatterie	Edisonbatterie	Bleibatterie	Edisonbatterie
	km	Amperes	Amp.-Std.	Amp.-Std.	km	km	kg	kg
1	9,6	27	280	280	100	100	25	11
2	11	34	252	280	82	90	30	12
3	12	46	231	280	60	73	41	15
4	13	70	210	280	39	52	64	21
5	14	90	180	280	28	43	89	25

relativ geringem Gewicht verwenden zu können, so gewinnen die von der Edisonzelle gebotenen Vorteile an Bedeutung bei Benutzung für die in den letzten Jahren in den Kriegsmarinen aller Seemächte eingeführten Unterseeboote. Spielt der Aktionsradius der Tauchboote eine wichtige Rolle, so wird hier naturgemäß auch großer Wert gelegt auf Fernhalten aller Umstände, welche Luftverschlechterung herbeiführen.

Der Bau von Edisonzellen für eine Kapazität von einigen 1000 Amp.-Std., einer Leistung, wie sie für Unterseeboote in Frage kommt, ist in Angriff genommen und wird ihre Fertigstellung und Einführung dazu beitragen, diese modernste Waffe der Kriegsmarinen in bezug auf Aktionsradius und Handhabung weiter auszugestalten und zu verbessern.

Edisonzellen mit erhöhter Leistungsfähigkeit.

Überraschend schnell hatte Edison die einleitenden Arbeiten so weit gefördert, daß 1903 sein Akkumulator in größerem Umfang der praktischen Verwendung übergeben werden konnte. Nach Ingebrauchnahme einiger 1000 Zellen der Type E für Elektromobilbetrieb traten Erscheinungen auf, die kleine Abänderungen im mechanischen Aufbau wünschenswert erscheinen ließen. Es handelte sich in der Hauptsache darum, der in den Platten der Plusseite stattfindenden Ausdehnung des aktiven Materials mehr Rechnung zu tragen. Nach Edisons bis in die kleinsten Details gehenden Entwürfen und Vorschriften wurde die Fabrikation der verbesserten Zelle von der Deutschen Edison-Akkumulatoren-Company G. m. b. H. in Angriff genommen und als Type H im Herbst 1906 in Europa auf den Markt gebracht. Die bisher mit dieser Type H und den nach gleichen Prinzipien gebauten kleineren

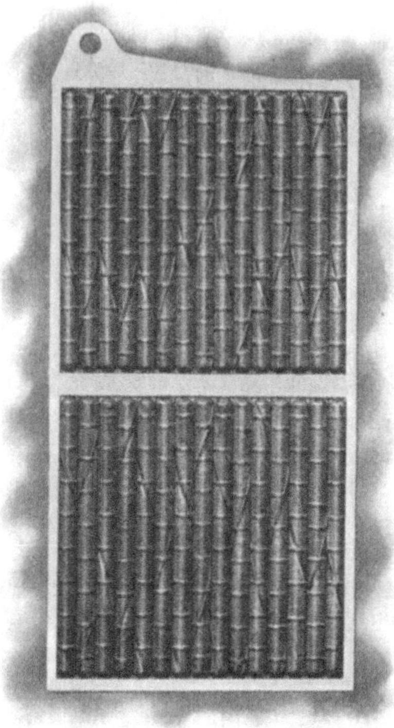

Fig. 92. Maßstab 1:3.
Positive Platte — mit runden Taschen — aus einer Edisonzelle Type A.

Zellen erzielten Resultate beweisen, mit welcher Sicherheit schon bei seinen ersten Konstruktionen Edison den richtigen Weg einschlug, um einen Akkumulator von bis dahin unbekannter Haltbarkeit und Leistung zu schaffen.

Inzwischen hatte jedoch Edison bei seinen ununterbrochen fortgesetzten Versuchen sich davon überzeugt, daß es möglich sei, auch die Kapazität der Zelle im Verhältnis zum Gewicht und zur Rauminanspruchnahme noch weiter zu erhöhen. Während in Deutschland die Herstellung der vorbeschriebenen Zelle ihren Fortgang nahm, entschloß er sich, die Fabrikation der Type E zu unterbrechen, um ungestört seine Arbeiten, die auf größere Materialausnutzung hinzielten, fortzusetzen.

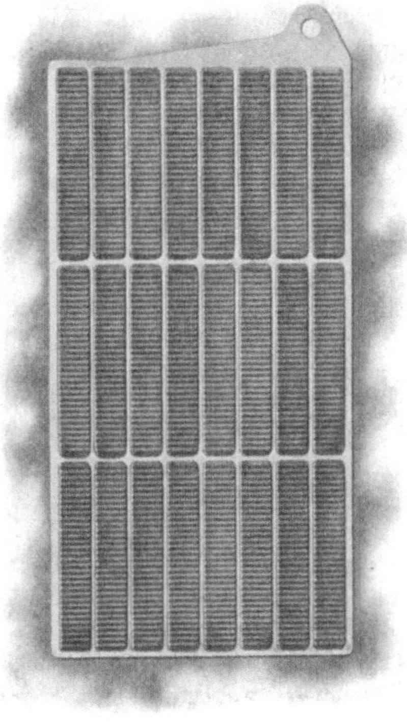

Fig. 93. Maßstab 1:3.
Negative Platte — mit flachen Taschen — aus einer Edisonzelle Type A.

Wie in einem Anfang dieses Jahres von der Edison Storage Batterie Co. in Orange N. J. herausgegebenen Katalog näher ausgeführt, ist es nach ca. 5jähriger, angestrengter Tätigkeit gelungen, die Arbeiten zum Abschluß zu bringen. Die neu konstruierte Zelle — die Type A — weist äußerlich gleiche Form auf wie die bisher gebaute. Dagegen sind im Innern erhebliche Änderungen vorgenommen. Während die Type H sowohl auf der positiven wie negativen Seite in flachen Taschen das aktive Material aufnimmt, sind solche bei der neuen Zelle A nur für das Eisenoxyd beibehalten. Dagegen haben die Taschen der Plusplatte runde Form angenommen (Fig. 92 u. 93). Auch das aktive Material selbst besteht nicht mehr aus Nickelhydroxyd mit einem Zusatz von Graphit, sondern ist letzteres ersetzt durch kleine Nickelflocken von äußerster Feinheit. Der Unterschied gegenüber der Bauart der Zelle Type H äußert sich am stärksten in der Plattenzahl und Kapazität. Enthält zum Beispiel die Type H 27 bei einer listenmäßigen Kapazität von 175 Amp.-Std. 18 positive und 9 negative Platten, so ist die Type A 6 mit einer listenmäßigen Kapazität von 225 Amp.-Std. mit nur 6 Plus- und 7 Minusplatten ausgestattet. Dabei sind Gewicht und Rauminanspruchnahme beider Typen — H 27 und A 6 — einander nahezu gleich. Es hat also eine Zunahme der Kapazität von ca. 25% stattgefunden bei einer Abnahme der Plattenzahl von 27 auf 13. Dieses bemerkenswerte Ergebnis erreichte Edison unter enormem Aufwand von Arbeit und Kosten. Nach Tausenden zählen die kleinen Prüfzellen, die, aus einzelnen runden Plustaschen und flachen Minustaschen zusammengesetzt, einer jahrelangen Prüfung und genauen Beobachtung unterworfen wurden. Nebenbei galt es, Werkzeuge und Maschinen zu entwerfen und zu bauen, um die Großfabrikation rationell betreiben zu können. Die neue Zelle erfordert zur vollen Ausnutzung eine 7stündige Ladezeit und ist für eine Entladung in 5 Stunden oder mehr bestimmt (Fig. 94). Sie stellt eine äußerst wertvolle Ergänzung der älteren Type H, deren Lade- und Entladezeit je $3^3/_4$ Stunden beträgt, dar. Wenngleich die schwierige Fabrikation der Type A zurzeit noch einen gegenüber der Type H mit flachen Taschen etwas höheren Herstellungs- und Verkaufspreis bedingt, so steht ihre praktische Verwendbarkeit für zahlreiche Fälle, in denen möglichst hohe Kapazität bei geringem Gewicht und Platzbedarf der ausschlaggebende Faktor ist, schon jetzt außer Frage. Außerdem weisen die bisher gewonnenen Resultate darauf hin, daß gesteigerte Haltbarkeit und Lebensdauer der neuen Zelle die größeren Anschaffungskosten rechtfertigen und reichlich aufwiegen werden. Konstruktion und Eigenart der Type A zeigen eine Reihe interessanter Einzelheiten, die näher zu erläutern an der Zeit sein wird, sobald Erfahrungen im praktischen Betriebe während einer längeren Zeitdauer gesammelt sind.

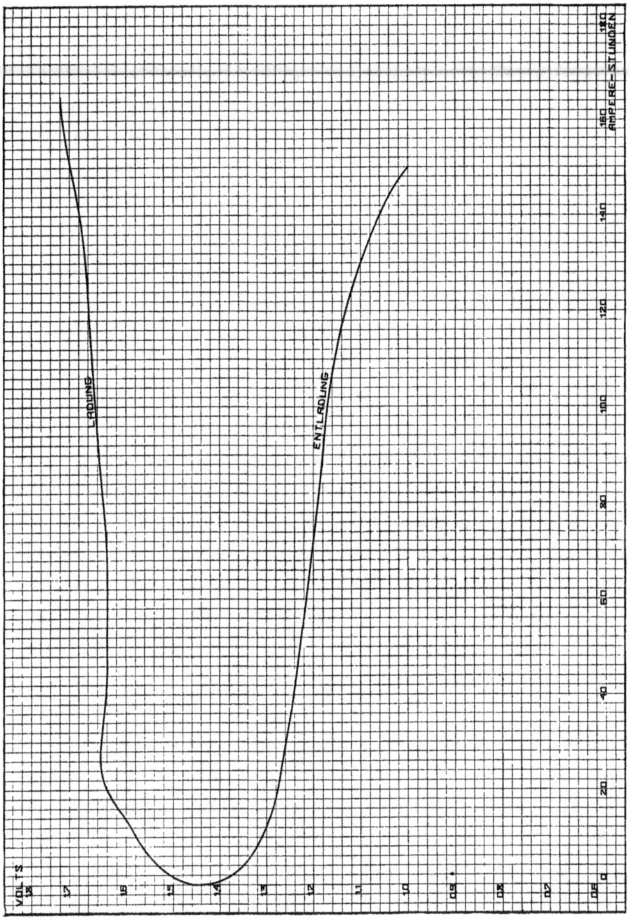

Fig. 94. Lade- und Entladekurve einer Edisonzelle Type A 4.

Schlußwort.

Erfindungen und Neukonstruktionen, deren Einführung in die Praxis geeignet ist, eine Umwälzung auf bestimmten Gebieten hervorzurufen, veranlassen die an der Erhaltung des bisherigen Absatzgebietes interessierte Industrie zu Gegenmaßregeln und zu erhöhter Anstrengung, ihre Erzeugnisse zu verbessern und zu vervollkommnen.

So ergriff zum Beispiel eine lebhafte Bewegung die Kreise der Gastechniker, als Anfang der achtziger Jahre in der elektrischen Glühlampe dem Gaslicht eine ernste Konkurrenz entstand. Nicht weniger scharf wurde später gekämpft um die Vorherrschaft zwischen Elektromotor einerseits, Gas- und Dampfmaschine andererseits. Wird auch der Wettstreit zwischen Dampf, Gas und Elektrizität nie ganz aufhören, so haben doch im Laufe der Jahre die Gegensätze an Schärfe verloren, nachdem die natürliche Entwicklung der Dinge jedem der Rivalen den ihm zukommenden Platz angewiesen und weitgehend gesichert hat.

Ein ähnlicher Vorgang vollzieht sich auf dem Gebiet des elektrischen Akkumulators. Beunruhigt durch die in immer bestimmterer Form auftretenden Nachrichten, daß ein brauchbarer alkalischer Akkumulator erfunden sei, ließ die mit Herstellung der Säurezelle beschäftigte Industrie nichts unversucht, um den Bleiakkumulator auf größere Leistungsfähigkeit zu bringen und sich die bisher unbestrittene Alleinherrschaft zu sichern. Offensichtlich sind jedoch die Möglichkeiten, der Bleizelle eine namentlich für transportable Verwendung geeignetere Form zu geben, erschöpft. Selbst bei kräftigem Plattenbau bleibt das Blei weich und nachgiebig, wird der Zusammenhang von Kern und aktiver Masse gestört, sobald der Bleizelle der feste Boden entzogen und sie den Erschütterungen des transportablen Betriebes ausgesetzt wird. Grenzen gezogen sind ihrer Verwendung auch dort, wo Beschaffung eines gut geschulten, intelligenten Bedienungspersonals schwierig und striktes Einhalten der Bedienungsvorschriften nicht gewährleistet ist.

Schon der Aufbau der Edisonzelle, bei der an Stelle der nachgiebigen Bleiplatten und spröden Hartgummikasten ausschließlich vernickeltes Eisenblech verwendet wird, läßt sie als am besten geeignet erscheinen, für transportable Zwecke, bei denen die Anforderungen an die mechanische Festigkeit durchweg hohe sind, benutzt zu werden. Die Eigenschaft des Edisonakkumulators, durch beliebig langes Stehenbleiben im entladenen Zustande, durch Überladen oder tiefe Entladungen Schaden nicht zu erleiden, stellt Vorteile dar, die keine Umkonstruktion dem Bleiakkumulator bringen kann. Haftet letzterem untrennbar der lästige, ihn für manche Betriebe ausschließende Säuregeruch an, so ist der Edisonakkumulator bei seiner absoluten Geruchlosigkeit berufen, hier Abhilfe zu schaffen. Auch der Vorteil eines nennenswert höheren Nutzeffektes kann für die Säurezelle gegenüber der Edisonzelle nicht in Anspruch genommen werden, vielmehr gestattet es deren Eigenart, den Nutzeffekt durch entsprechendes Bemessen von Lade- und Entladezeit, durch Beschränken oder Steigern der Leistungsfähigkeit in weiten Grenzen den Betriebsverhältnissen anzupassen und dadurch vielfach wirtschaftlicher zu arbeiten wie es mit Bleizellen möglich ist.

Der Edisonakkumulator in seiner jetzigen Gestalt tritt als vollwertiger Rivale des Bleiakkumulators auf und wird nicht nur diesen an vielen Stellen — vornehmlich in transportablen Betrieben — ersetzen, sondern für manche Zwecke der Technik erst die Möglichkeit schaffen, Sekundärzellen mit Erfolg und nutzbringend anzuwenden.

Es kann und soll nicht die Rede davon sein, bedingungs- und voraussetzungslos den Edisonakkumulator überall an die Stelle des Bleiakkumulators setzen zu wollen, doch wird sich bei näherer Prüfung aller in Betracht zu ziehenden Verhältnisse bei transportabler Verwendung mit ganz vereinzelten Ausnahmen, bei stationären Anlagen sehr oft zeigen, daß die Edisonzelle der Bleizelle nicht nur technisch überlegen ist, sondern auch die Wirtschaftlichkeit des Betriebes günstiger gestaltet.

Nur ein beschränkter Teil dessen, was von der Edisonzelle und ihrer Herstellung an Wissenswertem geboten wird, konnte in vorstehenden Abschnitten behandelt werden. Erzeugung des aktiven Materials, etappenweise Ausbildung der zu einem hohen Grad der Vollendung gebrachten Werkzeuge und speziell für die Fabrikation konstruierten Maschinen, die bei den jahrelang fortgesetzten Untersuchungen Tausender von Prüfzellen eingeschlagenen Wege bieten des Interessanten in Hülle und Fülle. Ihre nähere Beschreibung, soweit eine solche möglich ist unter Ausschaltung der im Interesse der Fabrikation geheimzuhaltenden Einzelheiten, würde den Rahmen des vorliegenden, nur für eine kurze allgemeine Information bestimmten Buches überschreiten.

Ist der Säureakkumulator, im Verlaufe einer ca. 30jährigen Fabrikation durch die intensive, planmäßige Arbeit zahlreicher Techniker ausgebaut und verbessert, am Ende seiner Entwicklung angelangt, so steht die Edisonzelle, in verhältnismäßig kurzer

Zeit in rastloser, unermüdlicher Arbeit von einem einzelnen Manne geschaffen, erst am Anfang ihrer Laufbahn.

Die beim Ausbau seiner Sekundärzelle in Betracht kommenden Gebiete der Mechanik, Elektrizität und Chemie souverän beherrschend, ist es Edison gelungen, die ihm gegenübertretenden Schwierigkeiten zu überwinden. Mit jugendlicher Energie verfolgt er sein Ziel und wird es ihm hoffentlich beschieden sein, noch lange Jahre die Entwicklung seines Werkes überwachen zu können und seinen Akkumulater durch weitere Vervollkommnung immer mehr zu dem zu machen, was er zurzeit bereits ist: Zu einem Fortschritt, technisch und wirtschaftlich.

GPSR Compliance

The European Union's (EU) General Product Safety Regulation (GPSR) is a set of rules that requires consumer products to be safe and our obligations to ensure this.

If you have any concerns about our products, you can contact us on ProductSafety@springernature.com

In case Publisher is established outside the EU, the EU authorized representative is:

Springer Nature Customer Service Center GmbH
Europaplatz 3
69115 Heidelberg, Germany

Batch number: 10682427

Printed by Printforce, the Netherlands